珍藏版

田翊 编著

# 博物馆里的传世珠宝

化学工业出版社
·北京·

## 内容简介

从卢浮宫到大英博物馆，从埃米塔什到大都会艺术博物馆，从希腊国家考古博物馆到故宫博物院，横跨七大洲五大洋，穿越7000年历史长河，25家闻名于世的珠宝博物馆，全部官方图片授权，想看到珍稀华贵的典藏珠宝，想了解珠宝背后的历史人文，想追溯高级珠宝的前世今生，如果有一本书能满足你关于珠宝的所有想象和期望，负责任地推荐这一本！

**图书在版编目（CIP）数据**

博物馆里的传世珠宝：珍藏版 / 田翊编著. 一北京：化学工业出版社，2024.2
ISBN 978-7-122-44408-0

Ⅰ. ①博… Ⅱ. ①田… Ⅲ. ①宝石 - 介绍 - 世界
Ⅳ. ①TS933

中国国家版本馆CIP数据核字(2023)第214592号

责任编辑：马冰初　郭　阳　　　　　文字编辑：温建斌
责任校对：杜杏然　　　　　　　　　装帧设计：溢思视觉设计 / 姚艺

出版发行：化学工业出版社（北京市东城区青年湖南街13号　邮政编码100011）
印　　装：北京宝隆世纪印刷有限公司
710mm×1000mm　1/16　印张24$\frac{1}{2}$　字数378千字　　　2024年8月北京第1版第1次印刷

购书咨询：010-64518888　　　　　售后服务：010-64518899
网　　址：http://www.cip.com.cn
凡购买本书，如有缺损质量问题，本社销售中心负责调换。

定　　价：198.00元　　　　　　　　　　　　　　版权所有　违者必究

田　翊

　　现任时尚集团旗下BAZAAR Jewelry执行主编，在时尚集团供职23年，深入地研究珠宝、钟表的历史和文化，走遍全球最重要的珠宝、钟表展，走访过五大洲有珠宝藏品的知名博物馆，长期与国际和国内众多品牌、设计师、拍卖行、博物馆、鉴定机构等保持紧密的联系以及深度合作，拥有HRD国际钻石鉴定师资格，完成Gübelin宝石学院专业彩色宝石课程。

# 这些年一起走过的路

敬

静

《芭莎珠宝》助理出版人兼主编

序

15 年前的 11 月，在北京光华路时尚大厦 23 层的临时办公室，我和田翊以及另外三个刚刚入职的新同事挤在不大的空间里热烈地讨论着：一本只讲珠宝的时尚杂志应该有哪些内容呢？我们能给予读者什么帮助呢？在全世界都没有参考样本的情况下，怎样才能做出一本又高级、又有文化、又有艺术气质的珠宝杂志？在资源非常有限的情况下，如何获得全世界最新最有价值的信息和内容……那是个激情洋溢的冬天，是《芭莎珠宝》正式创刊的时光。

因为团队很小，大家也没有什么经验，所以内容栏目的分配完全出于各自的兴趣和随机。在整本杂志中有一个最重要的内容，可以称之为杂志的灵魂栏目——"珠宝文化"，就是将珠宝背后的文化历史、人物故事、风格艺术进行梳理和编辑，以有趣易懂的方式呈现出来。这个重要的栏目一定要有一个肯钻研、有热情、特别耐得住寂寞的人来负责，已经在时尚集团工作多年、自我要求完美的处女座田翊就成了这个栏目的不二人选。还记得当时我开玩笑地对她说："这个内容做起来虽然辛苦，但是过些年你就可以成为'珠宝界的马未都'了。"

要知道十几年前，珠宝在时尚界只是一个配角，更没有太多的资料可以查到。来自国际的信息，除了几个大品牌几乎都是空白的。我们怎么才能将珠宝"看得见与看不见的价值"充分了解，再编辑成有意思的选题传播出去？没有别的办法，只有下笨功夫：读万卷书，行万里路。那时候，每一次出差几乎所有的编辑都从欧洲往回背原版书，有英文的，有法文的，甚至还有德文的。看得懂的自己看，看不懂的语言找出重点篇幅让别人翻译了看。杂志上那么多精彩的独家内容，就是这样一点一滴累积和耕耘出来的。

要想了解珠宝的文化和历史，亲身前往各大博物馆是最直接有效的途径。于是"珠宝博物馆"栏目应运而生。15 年来，我们用一切机会走访了全世界数不清的知名的、不知名的博物馆，不管是普通游客不太知道的珠宝专属博物馆，还是著名博物馆里的珠宝馆，或是只有业内人士才听说过的一些藏家的私人博物馆，《芭莎珠宝》团队的足迹遍布法国、英国、意大利、俄罗斯、德国、瑞典、美国、日本、韩国……只要有看点的，我们都想尽一切办法亲身前往。更难能可贵的是，因为是来自中国最有影响力的权威珠宝杂志，所以我们有很多珍贵的机会可以采访到博物馆的重要人物，获得最直接的资料，得到最生动的解读。

这么优质难得的内容，这样本着最纯真的初心做出来的文字和采访，在这样一个互联网碎片化阅读、二手资料互相抄袭借鉴的浮躁时代尤为难得。为了这本书的诞生，田翊将多年的珍贵内容重新编辑整理，和每个博物馆一一重新联系，取得图片的合法授权，补充更多翔实资料，为此付出了更多的心血和时间。但这一切都很值得，这本书不仅会成为众多珠宝迷行走世界的"博物馆圣经"，更是为珠宝业界做出弥补空白的贡献。

这 15 年就像修行，没有白走的路，每一步都算数。

# 为爱作证，只有时间

张

凡

中央美术学院设计学院副教授      序

五年前，《芭莎珠宝》编辑部主任田翊的专著《博物馆里的传世珠宝》在中央美术学院图书馆的阅览室里上架，成为老师和学生们争相借阅的宠儿。"题好一半文"，很多人一看到这书名就会被吸引住，迫不及待地从书架上取出，想一口气读完。

近些年有个好现象，大家谈论珠宝首饰时都开始关注文化了，这与《芭莎珠宝》杂志不遗余力地推动珠宝行业提升和普及大众美育有着密不可分的关系。同时，珠宝首饰历史文化类的书籍也随之热销起来，但这些书籍大部分都是国外著作的译本，而以中国人的视角与观点去撰写世界范围内博物馆珠宝首饰类藏品的专著，田翊是首位。她以杂志编辑的工作内容为轴心，怀着使命与担当用一篇篇报道与文章串联成系统的研究，并用通俗易懂的文字、图文并茂的形式汇聚成一本鲜活生动的珠宝历史读物。

"为爱作证，只有时间"。《博物馆里的传世珠宝》出版五年后再版，并升级成为珍藏版，恰是历经沉淀后迎来新生。我们可以感受到作者对珠宝首饰的热爱，并随着时间的推移依然在用这份热爱持续点亮着读者的心灵。

一本好书，是时代的印记。《博物馆里的传世珠宝珍藏版》将会珍藏于世，感动经年。

# 愿更多同好在探寻路上一道同行

史

永

国际玉石金属文物研究院院长

西工大太仓长三角研究院与珠宝国检集团共建"自然资源部省部级工程技术中心"负责人

序

人类发展到旧石器时代晚期，随着艺术的起源和加工技术的进步，开始出现大量首饰等装饰品，从距今七万多年南非布隆伯斯洞穴遗址发现最早装饰品到距今三万多年阿尔泰山地区丹尼索瓦洞穴发现的绿泥石手镯，带有护身符功能和审美意识的珠宝首饰装点着人类的生活，也成为"人之所以为人"的标志性器物之一。而距今两万多年贝加尔湖马耳他遗址中出土的最早透闪石玉制品，及距今一万年安纳托利亚中部出土的最早金属制品，更是珠宝玉石首饰发展中里程碑似的事件。

随着人类社会等级的逐渐分化，珠宝首饰成为王室贵族身份地位的象征。中国黑龙江饶河小南山出土了距今 9000 年的玉饰，随后大江南北"满天星斗"，红山、良渚、凌家滩无一不是史前玉石制品的高光时刻。与中国独特的用玉传统不同，欧亚大陆西端在早期对黄金饰品更为渴求：公元前 4450 年保加利亚瓦尔纳和公元前 3800 年高加索山脉地区迈科普黄金宝藏已初露端倪，而公元前三千纪到前一千纪青铜时代中更是群星璀璨，如美索不达米亚苏美尔普阿比王后、古埃及图坦卡蒙法老、古希腊迈锡尼国王等都对金饰情有独钟。

数万年的地球光阴相对于宇宙的浩瀚来说微不足道，然而玉石金属类的人工珠宝制品却以其材质相对恒定的物理、化学属性，以及基于珍稀材料之上人类赋予的工艺和情感，穿透时间达至永恒。令人欣慰的是，这些人类历史长河中的珍品经历了岁月的沉淀和淘洗，终于有极少数的一部分留存在了世界各地的博物馆当中。而田翊老师从全球各具特色的博物馆中拾珍，精心为读者编著了《博物馆里的传世珠宝珍藏版》一书，能够向大众传播珠宝美学，实为幸事。

# 爱上珠宝从逛博物馆开始

作

者

序

如果你喜欢珠宝，想必一定看过《芭莎珠宝》杂志，而这本书其实就始于我在《芭莎珠宝》做的一个栏目——"Jewelry Museum 珠宝博物馆"。

做杂志编辑的那些年我经常会去国外出差，工作之余，我所有的闲暇时间就都献给了当地的博物馆。每每奔赴一家向往的博物馆，身心就像得到了极大的滋养，在博物馆的各个展馆里"万步暴走"，只为探寻、记录那些凝萃世界千百年文明精华的珠宝收藏。

继 2018 年《博物馆里的传世珠宝》出版，这一次我再度交上了新的作品，将 16 家博物馆更新至 25 家，献给你这本《博物馆里的传世珠宝珍藏版》。我想带你去更多的地方，参观更多鲜明有趣的博物馆，希望你也能像我一样沉迷在那些凝聚时代精髓、呈现匠人智慧与技艺的珠宝传奇中。

这些年来，我漂洋过海，去到欧洲、北美洲、南美洲、大洋洲、亚洲，参加了巴黎古董双年展、意大利维琴察珠宝展、美国拉斯维加斯 COUTURE 珠宝展、巴塞尔钟表珠宝展、印度珠宝展、迪拜珠宝展、中国香港珠宝展等全球重要的珠宝大展；受邀亲临无数珠宝大牌的高级珠宝发布盛会；奔赴国际拍卖场，直面那些珍罕珠宝、钟表竞拍的"厮杀"场面；参观了众多拥有珠宝藏品的著名博物馆……女人爱上珠宝是天性使然，而这些难得的见识和历练更让我开阔了眼界，得以纵深研讨珠宝历史和文化的前世今生。

我深知自己不算是一个文笔出众的人，处女座的我更擅长深挖梳理珠宝背后的故事脉络，钻研珠宝设计的灵感关联。我也越发感觉自己并不具备过目不忘的超强记忆力，只能鞭策自己勤能补拙，大量地、反复地查阅更多中文、英文、法文资料，努力串联起珠宝艺术史中那些可能被忽略却又互相关联的细枝末节。

刚开始我信心十足，觉得出版这本书是水到渠成的事，但一切进展并没有想象中那么顺利。和写稿比起来，跟各国博物馆联系、沟通、采访、买图片版权原来更是一个难以想象的大工程，筹备的这几年，说绝望过可能有点过分了，但放弃的心思我不是没有动过。后来有一天当我历经冰火两重天——忽然收到德国普福尔茨海姆首饰博物馆轻松大方地应允我可以免费用图的邮件和再次发给希腊国立考古博物馆的邮件依然石沉大海，我忽然顿悟：世界那么大，人和人怎会千篇一律，不同地域的人文恰巧孕育了迥然不同的人的性格和艺术风格，而这不也是珠宝艺术品最有意义也最有意思的地方吗？

珠宝的价值所在不仅是矜贵金属和珍罕宝石的堆砌，更是历史、艺术、文化等的精华浓缩。博物馆里的珠宝历经千年也不会蒙灰，它们不曾说话，但穿越时光，熠熠生辉，成为指引设计师、艺术家前行的灯塔之光。各国的人文不同，珠宝风格不同，博物馆的布置格局也不同，有的会把珠宝单独完整地收纳在一个区域，有的你只能在相应的时期或是特定展区的藏品中发现那些散落的珠宝。但今天这些都不成问题了，在《博物馆里的传世珠宝珍藏版》中，你可以一口气把 25 家全球重量级的博物馆逛过瘾！

这本书的面世绝不止我一个人的努力，我要感谢远在瑞典的好朋友包凌无私的帮助，在我像八爪鱼一样忙于编辑部工作时，她承担了很多重要的沟通工作；感谢对珠宝、钟表研究精深但极低调的葛巾谢、丁之向老师，他们分享了许多珍贵的博物馆观感；感谢史永老师、温雅棣老师、贺贝老师珍贵的知识分享；感谢德国朗格帮我牵线联系到绿穹珍宝馆馆长的专访；感谢鹏志……

最后，虽然我已多次核实校验所有藏品的详细信息，但一定还会存在不足，欢迎您指正，这会让我做得更好，也为更多喜爱这本书的读者负责。

*British Museum*

## 大英博物馆

典藏 7000 年世界珠宝传奇

*001*

*Louvre*

## 卢浮宫

法国珍宝库　皇家赞美诗

*021*

*The Metropolitan Museum of Art*

## 大都会艺术博物馆

北美艺术"大百科"

*039*

*The Hermitage Museum*

## 埃米塔什博物馆

珠宝狂的欲望都市

*055*

*The Egyptian Museum*

## 埃及博物馆

众神与法老的"新宅"

*069*

目
录

*The Green Vault*

## 绿穹珍宝馆

"强力王"的巴洛克艺术梦

*081*

*Victoria and Albert Museum*

## 维多利亚和阿尔伯特博物馆

大不列颠藏宝地

*101*

*National Archaeological Museum*

## 希腊国家考古博物馆

欧洲文化发源地的传奇宝贝

*121*

*Moscow Kremlin Museums*

## 莫斯科克里姆林宫博物馆

皇宫里的神秘珍宝

*135*

*J. Paul Getty Museum*

## 保罗盖蒂博物馆

盖蒂先生的艺术花园

*151*

*Musée des Arts Décoratifs*

## 巴黎装饰艺术博物馆

卢浮宫隐藏的珠宝盛宴

165

*Chaumet Museum*

## 尚美巴黎芳登广场12号博物馆

一座珍藏冠冕的圣殿

179

---13---

*Schmuckmuseum Pforzheim*

## 普福尔茨海姆首饰博物馆

在这里发现一部珠宝史

197

---14---

*Nordiska Museet*

## 北欧博物馆

珠宝设计北欧风情

209

---15---

*National Museum of Scotland*

## 苏格兰国家博物馆

爱丁堡城里的珠宝传奇

225

*Patek Philippe Museum*

# 百达翡丽博物馆

500 年钟表史朝圣地

*241*

*Smithsonian National Museum of Natural History*

# 史密森尼国家自然历史博物馆

探秘传奇宝石宫殿

*255*

*Museum of Fine Arts, Boston*

# 波士顿美术博物馆

"美国雅典"的珠宝后花园

*271*

*Museo del Gioiello Vicenza*

# 维琴察珠宝博物馆

意大利珠宝小世界

*283*

# 荷兰 Galerie Marzee

走进当代艺术珠宝酷世界

*297*

*National Gallery of Victoria*

# 墨尔本维多利亚州国立美术馆

打开过去到未来的任意门

*315*

*World Jewellery Museum*

# 世界饰品博物馆

打开外交官夫人的珍宝箱

*331*

*H.Stern Gemological Exhibition*

# H. Stern 宝石博物馆

这里藏着 1007 颗神奇碧玺

*345*

*Nanjing Museum*

# 南京博物院

解读中国千年文化密码

*355*

*The Palace Museum*

# 故宫博物院

金碧故宫 大赏珍玩

*361*

# 参考文献

*375*

# 01 　大英博物馆

British Museum

## 典藏 7000 年世界珠宝传奇

在这儿：英国伦敦

曾经，一位刚刚开始对珠宝"发烧"的朋友问我，在哪里才能看到全世界最多最美的绝世珠宝？我回答那必须是大英博物馆（British Museum），没有之一。因为，大英博物馆不仅有着全世界最悠久的历史，还拥有最多的艺术藏品以及专业的研究学者，它就是一本实物立体版的珠宝历史图册。从你进入玻璃穹顶中庭的那一刻开始，便可以自由地在 7000 年珠宝历史长河中尽情游览。

你知道吗，不同于卢浮宫、埃米塔什博物馆等有着辉煌无敌的皇家渊源，大英博物馆最初的馆藏来自于一位私人收藏家，汉斯·斯隆爵士（Sir Hans Sloane，1660—1753）。他是一位成就斐然的内科医生，更是一名资深收藏家，他的藏品来自世界各地，还有很多来自朋友和他的病人。1753 年，汉斯·斯隆去世后将 71000 多件个人藏品全部捐赠给国家，当年国会通过法案批准建立大英博物馆。1757 年，乔治二世国王又捐献了英国君主老王室图书馆的藏书。渐渐地，英国的贵族们开始以向大英博物馆捐献自己的收藏品为荣。随着"日不落帝国"的兴盛，一些其他国家的珍贵艺术品也开始一件件地归入大英博物馆囊中。大英博物馆于 1759 年 1 月 15 日正式对公众开放。它最初是建在布鲁姆斯伯里区（Bloomsbury）的一幢建于 17 世纪的大楼——蒙塔古大楼（Montagu House）里，这里也是现今博物馆的所在地。"好学求知的人们（Studious and Curious Persons）"都可以免费进入。

大英博物馆从建成的那一天开始就已然成为其他博物馆效仿的楷模，它用自己多如恒河沙数的藏品告诉世人：相比金钱，艺术才是更为宝贵的财富。

每一次去伦敦，大英博物馆都是我必定造访的神秘花园。不仅仅是因为它总在不停更换展品

（由于收藏太多，每次展出的展品仅是藏品的九牛一毛），不收门票也是更为实惠的动因。相比有着古罗马神殿风格的宏伟正门，我更爱从对着罗素广场（Russell Square）的后门进入大英博物馆。从这个角度，没有广场与喷泉作装饰的大英博物馆展现出一种大隐隐于市的风度，这里少见川流不息的游客，只有门口那两只中国古石狮寂静地看着岁月的变换。

不过，进入大英博物馆之后，你就无法保持安宁心境了。100 间大小规模不一的展厅，绝对能让你心跳加速，这里几乎包含了整个世界的艺术历史。除了举世闻名的罗塞塔石碑、帕特农神庙的命运三女神雕像、《女史箴图》等藏品，最吸引我的一定是那些闪闪发亮的珠宝。

大英博物馆珠宝藏品的特色不仅是珍贵，更在于全面。虽然英国王室珍宝在伦敦塔展出导致很多游客在这里看不到金光闪闪的近代冠冕与权杖，但真正的珠宝饕餮会在每个展厅的角落不断被惊喜地发现。这里不仅有古埃及金面具与玻璃耳环，还有来自乌尔皇陵的青金石棋盘、阿兹特克人的绿松石双头蛇胸饰、莫卧儿王朝的黄金外套、中国新石器时代的玉龙以及数以千计的中世纪和文艺复兴时期的浮雕宝石。除了这些文物级的珠宝，你还可以找到近代卡地亚公司为英国王室制作的成套红宝石珠宝、第二次世界大战时期英国妇女为战士用发丝缠成的欧泊祝福项坠以及珠宝大亨科赫赠给瑞典的象牙胸针……虽然不一定每件都价值连城，但每件都定格了一段历史。现在，明白我为什么要把大英博物馆称作珠宝历史书了吧？因为它一视同仁地收藏了人类历史上多个时代、多个地域的珠宝。无论富丽还是简约、精巧还是质朴，它不作评价，只作记录。大英博物馆里的世界珠宝就像今天手机里可供选择的软件一样数不胜数、无所不有，你同样不用跨越山河，几乎就能在这里遍览全世界历朝各代的珍贵珠宝。

# 三色金花语珠宝

*约 1850 年*

黄金、钻石

这件曾经属于拿破仑三世（Napoléon Ⅲ）皇后欧仁妮（Eugénie de Montijo）的珠宝看似没什么特别，其实大有来头、暗藏玄机。一簇料峭春寒中绽放的花朵间停驻着一只镶嵌钻石的蝴蝶。花束可不是普通的花束，它由三种花组合而成，这是在用古老的花语传达爱的多重信息：玫瑰花蕾象征幸福的爱、三色堇象征智慧、勿忘我象征真挚的爱。

蝴蝶整体为黄金材质，翅膀上镶嵌了钻石。钻石周围的黄金被精湛的工艺调成略微发绿的颜色，以突出翅膀上的"眼睛"图案，下方的翅膀则是雕刻而成的，蝴蝶的腿甚至可以精巧地分开。花束中三色堇的黄金材质也有偏绿色处理，以突出珠宝的层次感，花瓣、叶茎上亮金和亚光黄金完美呼应，将这件珠宝刻画得栩栩如生。

这是一件精湛的自然主义作品，以近乎 1 ∶ 1 的比例如实渲染出真实的自然世界。整件头饰从品质到材质，在多样性、颜色丰富性上都是一件非凡之作。

值得一提的是，这件珠宝是有色黄金技术应用在珠宝工艺上的典型代表，特别是在一个元素中使用多种颜色的技术。一簇由玫瑰花蕾、三色堇和勿忘我组成的花束用三色黄金打造而成：红色、绿色和黄色。合金中的红色是因为加入了铜，绿色是因为加入了少量银。三色堇上的雕刻纹路遵循了花瓣的自然轮廓，使用一种多线条工具来精确地勾勒平行线，而叶脉制作又用了另一种工具。左边三色堇下方的花瓣上镶嵌了黄色和绿色黄金的交替线条。蝴蝶翅膀上镶嵌的钻石像孔雀羽毛的"眼睛"一般，而三种颜色的黄金是通过把彩色合金焊接在黄金上形成双层合金层的方法来实现的。

# 谁曾拥有它：欧仁妮皇后

拿破仑三世本不是根红苗正的皇族，欧仁妮也只是出身于西班牙的贵族，但 1853 年没有选择的选择让他们走到了一起，拿破仑三世终于完成了自己的使命，欧仁妮也如愿升级成了皇后，她也是法国历史上最后一位皇后。所幸这位皇后不辱使命，凭借绝世美貌和不俗品位顺利融入皇室名流圈层，她和奢华珠宝、钟表的渊源甚至影响至今。

这件三色金的优雅珠宝恰如其分地证明了欧仁妮皇后的高级审美。你一定想不到，还有一些耳熟能详的奢侈品牌得到过她的垂青，她提着大大小小路易·威登的箱子出行，她是卡地亚家族的大客户，她最喜欢的香水品牌叫作娇兰……

欧仁妮皇后对珠宝的热爱一直是最深厚的。1857 年，一颗在美国发现的重达 73 格令（约 4.73 克）的淡水珍珠被蒂芙尼品牌的创始人查尔斯·刘易斯·蒂芙尼（Charles Lewis Tiffany）买到。他前往巴黎，轻而易举地为这颗珍珠找到了买家——欧仁妮皇后，后来这颗珍珠被命名为"蒂芙尼皇后珍珠"。蒂芙尼和这位法国最后的皇后的亲密关系还不止如此。1887 年，查尔斯·刘易斯·蒂芙尼大手笔地收购了一大批法国王室珠宝，其中就有欧仁妮皇后一生的珍藏。

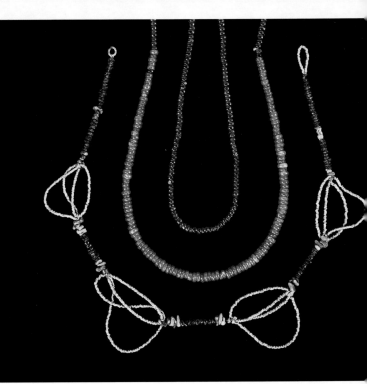

# 5000 年前的
# 古埃及首饰

*公元前 3250 年*

黄金、石榴石、绿松石、翡翠、
孔雀石、红玉髓

这组首饰发掘于古埃及城阿比多斯（Abydos）地区的一座涅伽达文化（Naqada）Ⅱ期女性墓葬中，是公元前 3250 年的古埃及前王朝时期的作品。外圈饰品是由黄金和宝石做成的头带，大部分由石榴石和绿松石穿成，中间还有一些翡翠和孔雀石。头带应该是戴在额头上，两端绕到脑后系住固定。它原本应该还配有一片织物，像面纱一样遮住面庞。虽然头带的用材名贵，但这些宝石倒都能在当时被找到。石榴石产自阿斯旺（Aswan）附近和东部沙漠。孔雀石和绿松石多产于铜矿附近，也可能出自东部沙漠或西奈（Sinai）半岛。黄金并没有颇费劳力地被开采，这得益于山洪将天然沉积金块冲入河谷。中间的珠链是由石榴石和红玉髓珠穿成的，出自公元前 3100 年的努比亚王国时期的法拉斯（Faras）地区。

# 乌尔皇陵
# 全套首饰

## 公元前 2600 年

黄金、红玉髓、青金石

这套隆重的全系列黄金装饰虽然工艺并不复杂，但这可是公元前 2600 年的珠宝饰物，便不禁为 4000 多年前的皇家时尚文化惊叹。考古研究发现，地中海沿岸发展起来的西亚是古代文明更早的发源地。数千年前，两河流域的苏美尔人建立起一座繁华的乌尔城，英国考古学家雷纳德·乌莱爵士（Sir Leonard Woolley）在 1922—1934 年间带领一支探险队前往乌尔，历时十余年，挖出了乌尔皇家公墓的巨大宝藏，更揭秘了 4000 多年前的神秘世界。

乌尔皇陵出土的首饰主要由黄金、银、红玉髓和青金石打造。贵金属推测来自土耳其和伊朗，青金石可能源自阿富汗，而半透明的红玉髓则应该是从印度经过海运进口的，这足以见证当年海运贸易已经连接四方大陆。

大英博物馆的这套首饰经过历史学家的复原，可以看出 4000 多年前的苏美尔人已具备非常独特的审美和搭配水准。珠宝匠人的工艺也是可圈可点，金珠、金片的切割、铸形、打磨、雕刻等手工技艺精彩集大成，红玉髓足足有 81 颗，玉髓和青金石也都运用了多样、复杂的打磨和镶嵌工艺。

# 米诺斯黄金坠饰

*约公元前 1850—前 1550 年*

黄金

这枚黄金坠饰表现了自然之神——动物之主，站在莲花之上，双臂撑开，两手对称地握住两只鹅的脖颈，以此怪异而夸张的动作彰显神灵的权威和掌控力。神灵背靠两对公牛角，在米诺斯（Minoans）文明中，神圣公牛角被喻为"奉献之角"。

米诺斯文明现身地中海东部的克里特岛（Crete），在公元前 3000 至前 1100 年兴盛发展。虽起源于小亚细亚西部，但由于地理位置相距并不算远，也深受埃及文明的巨大影响，这从"动物之主"的头饰、耳饰、装扮，甚至两只脚都朝向一边这些细节不难辨别。

从大约公元前 2400 年起，克里特岛上的匠人开始尝试制作黄金首饰，从金片的简单切割，到运用粗浅的雕刻工艺，再到这枚饰物上的黄金浮雕技艺，可以看出黄金加工工艺已经大大进步了。动物的姿态，人物的五官、身形甚至肌肉结构，还有鹅的羽毛、牛角的纹路也有了更加精细的雕刻，更加立体，表现出了空间感。

# 海螺精雕珠宝套装

*1850—1870 年*

海螺壳、黄金

这一奢华的珠宝套装非常惊艳，包括头饰、手镯、项链、胸针和耳环。我第一次看到感觉像是淡粉色珊瑚材质，但其实它用的是一种比较稀少的大凤螺（*Strombus gigas*），外形更大、颜色更美，大多是从西印度群岛进口，在那不勒斯雕刻和安装的。那不勒斯在 19 世纪可是贝壳和珊瑚雕刻珠宝行业的中心。

这套珠宝的创作年代处于维多利亚时代中期，所以自然主题依然是"主旋律"。雕刻工匠精选淡白和淡粉颜色自然过渡的大凤螺壳进行精雕和创作，这样的整套作品可能需要好几个月甚至更长的工时，雕刻主题也是围绕着和海洋相关的图案以及神话人物，这里你可以看到海马、海豚、贝壳、美人鱼和小天使。珠宝工匠再把这些"零件"铆接、组装到金丝打造的框架上，非常精巧并且稳固。

# 法国考古复兴项链

*1867—1873 年*

黄金、钻石、彩绘

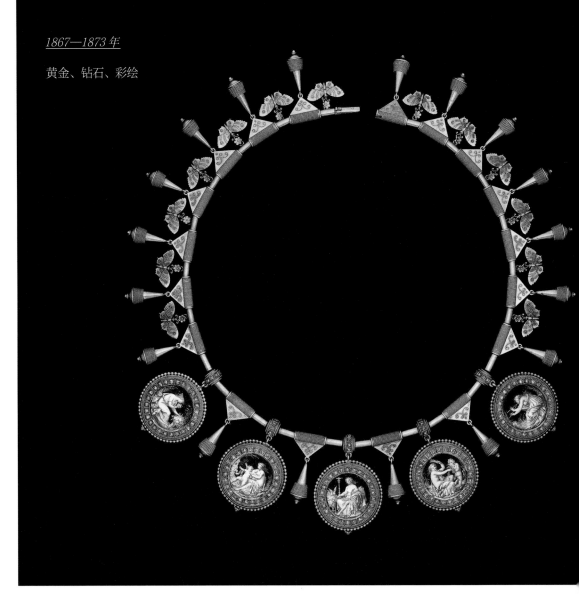

这条项链有点奇怪，它既有罗马庞贝壁画的细节，又将典型希腊风格的蝴蝶与吊坠相结合。但它并不是一件来自远古的珠宝，而是在 1867—1873 年间由法国珠宝匠人尤金·冯特内（Eugène Fontenay）打造的作品。

19 世纪中后期，也就是维多利亚时代后期，时代空前繁荣，海陆交通也越来越发达，考古遗迹陆续被发掘，欧洲的博物馆体系也逐渐正统。于是，考古复兴风格逐渐成为风气导向，艺术家们的手工艺和表达方式都受到很大的影响。

1859 年，由于一些复杂的政治原因，侯爵詹彼特罗·坎帕纳（Giampietro Campana）的全部财产被没收。1860 年，拿破仑三世看准时机收购了这批古董藏品，还在法国卢浮宫举办了展览，这引发了人们热切的关注。尤金·冯特内自然也去看了展览，并且对这批收藏品非常着迷，他研究并模仿了坎帕纳藏品的原作，也借鉴了同期艺术家的创作，高产地出品了一些风格突出、细节精湛的优美作品。

这条"庞贝风格"项链坠着的 5 个小圆盘上绘有精灵和丘比特的彩绘图案，并不是传统的珐琅彩，而是在承继了韦奇伍德（Wedgwood）陶瓷蜡画（Encaustic Painting on Ceramics）的基础上，把彩色颜料烧在器物表面，并没有亮晶晶的玻璃质感，而是近似亚光的效果。方寸间的彩绘画特邀风俗画和肖像画画家尤金·里切特（Eugène Richet）执笔，工艺强强联手，可见尤金·冯特内对自己每一件作品的认真和重视。这件作品也充分展示出法国艺术家对"考古学风格"的个性理解。

# 古波斯黄金臂环

*公元前 5—前 4 世纪*

黄金、宝石

这件黄金臂环是阿姆河宝藏的一员，也是阿契美尼德（Achaemenid）王朝时期留存下来的最重要的金银饰品之一。臂环的环部几乎是实心的，上部渐为空心，并装饰有带翼的格里芬像。两只半狮半鹫的格里芬（希腊神话中怪兽）相对而坐，犄角与翅膀飞扬，表情凌厉，目光炯炯。数千年前就有了如此精细绝伦的黄金雕刻工艺，不禁令人叹为观止。可以推断出，格里芬的犄角以及手镯侧面的凹槽并不是简单的金雕，原本都应该镶嵌着宝石。在波斯宫廷，臂环常被当作礼物相互赠送，表达尊贵与荣耀。手镯还有一个"同胞姐妹"，现收藏在维多利亚和阿尔伯特博物馆。

# 礼拜堂钟

*1648 年*

铜镀金、银

大英博物馆的钟表收藏可谓大而全，这里陈列着超过上千座座钟以及近 5000 块表，从中世纪到现代的钟表几乎都有，你可以系统地一览机械钟表的发展历史。

这座 1648 年的礼拜堂钟出自波兰制表师卢卡斯·维德曼（Lucas Weydmann）之手。17 世纪中期，钟表的制作和装饰技艺在德国已经非常成熟，并已向东传到了波兰。这件钟表是比较经典的设计，可以报小时和每刻钟。它还有一个特别的设计，装于底部的二级机械装置能够在第一次敲击时报时，再次敲击时提醒，这个人性化的贴心设计听上去很简单，但在 17 世纪要实现这个功能，制表师幕后的机械逻辑一定非常缜密。

47 厘米高的铜鎏金钟身雕刻细腻精美，有亚当与夏娃在伊甸园中的场景，每一幅画面都配有拉丁文的注解。两侧的"拱门"嵌有雕花的玻璃饰板，让机械机芯通透了然。钟的正面有上下两个表盘，上面的表盘有两个指针，大的用来指示时间，小的则用来指示月龄。中间有一个简单的相位图，那里显示了月亮和太阳之间的关系。下面的银质刻度盘有一个简单的指针每 24 小时转动一周，指示将日落作为一天开始的波希米亚或意大利时间。

# 多功能珐琅
# 腰链表

*1777—1778 年*

黄金、珐琅

这件二问珐琅链表是制表师约翰·勒鲁（John Leroux）和珐琅师威廉·霍普金斯·克拉夫特（William Hopkins Craft）携手合作的完美作品。那个年代，以腰链形式存在的表被王室贵族日常携带。正是腰链形式让这款表充满设计感，优雅而别致。事实上，腰链承载的不仅是艺术之美，更反映出一个时代对"表"的更多实际功用的需求。

色彩的均一协调与强烈的新古典主义风格是它的最大特色。金制表身装饰功能性垂坠链条，菱纹图案覆于表盖，碧绿珐琅绘制得荧光浮动。珐琅之上是乔治三世（George III）和夏洛特王后（Queen Charlotte）的肖像，灰色的浮雕式画法勾勒出的脸部线条呈现出强烈的新古典主义气息，这在 18 世纪中期的英格兰盛行。目光上移，点缀腰带的曲项天鹅、传说中神明的头像与故事图景都安然嵌于圆形徽章之中，灰色的浮雕笔触填充着整块表的新古典主义情绪。宝蓝色珐琅层叠在大片金色里，与碧绿珐琅呼应。

# 盎格鲁 – 撒克逊
## 圆盘胸针

*约 9 世纪*

黄金、银、铜

盎格鲁 – 撒克逊（Anglo-Saxon）通常是指从公元 5 世纪初到 1066 年诺曼（Norman）征服英格兰期间，生活在大不列颠岛东部和南部地区的西日耳曼民族，他们的语言和文化已经非常相近，具体是指盎格鲁人（Angles）、撒克逊人（Saxons）和朱特人（Jutes）3 个不同日耳曼民族的后裔。

不管称谓有多拗口，背景有多复杂，在多样民族、数百年文化冲击和融合下诞生的饰物，必有丰富的寓意和内涵。这 6 枚圆盘状的别针大多是银材质，最大的一枚直径超过 10 厘米，最小的一枚是铜镀金材质，看似简单、对称，实则大有乾坤。左中和右下明显是特鲁希德尔（Trewhiddle）风格，雕刻主题多是高度抽象的兽和植物，以及几何图案和连续的涡卷纹。它们艺术化地交错、盘绕以及对称呼应，形成一种独特的、有秩序的美感。圆盘胸针运用了黑金工艺（Niello），据说它承续自迈锡尼时期，与珐琅工艺异曲同工，精髓是将硫、铜、银和铅组成的黑色混合物烧软或熔化之后，推入金属的雕刻线槽中，再统一抛光，这样平面的圆盘别针会更显立体，富有厚重的层次感。

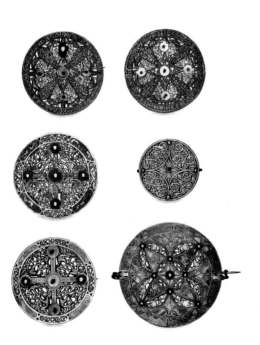

# 古希腊黄金耳环

*公元前 330—前 300 年*

黄金

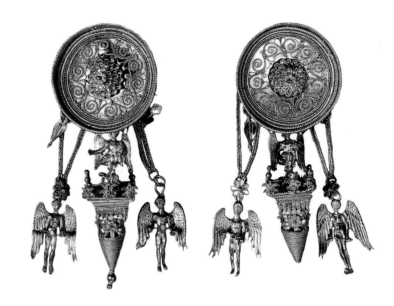

这对结构繁复、精致异常的耳环诞生于公元前 300 多年的古希腊，是库米（Kyme）宝藏中近百件黄金珠宝的成员之一。这个黄金珠宝家族被发掘于小亚细亚海岸的伊奥利亚（Aeolis），陪伴过 4 位甚至可能更多的女性墓葬主人。

耳环特有的圆盘与金字塔造型是典型的希腊风格设计。这一时期的东希腊珠宝商尤其偏爱使用代表爱的厄洛斯（Eros）和代表胜利的耐克（Nike）女神的人物形象作装饰。带翅膀的耐克联结着圆盘和倒金字塔造型，一对厄洛斯造型的耳坠被链子悬垂下来，手拿魔法符。整对耳环寓意在爱的游戏中获胜。

这件珍宝的主要部件由不同粗细的金线和大大小小的黄金颗粒在金片上打造。人物形象全由金片制成，点缀于局部的珐琅也依稀可辨。

# 02 卢浮宫

Louvre

## 法国珍宝库　皇家赞美诗

在这儿：法国巴黎

"造访巴黎的人每次都应当来卢浮宫（Louvre），因为这里收藏着全世界最好的珍宝。"你可别觉得说这句话的人太过自满，因为他的名字是拿破仑！拿破仑虽然个子不高，却屹然站在巴黎芳登广场的青铜柱顶，君临天下。虽然身为一个军人，他却格外感性多情，对两任皇后都温柔有加，还常以珠宝寄情。我觉得全世界人都应该向拿破仑致敬，他执政期间曾下令对卢浮宫进行大规模的扩建，他还把欧洲很多国家最好的艺术品收进卢浮宫，令卢浮宫馆藏前所未有的丰盈，奠定了卢浮宫作为全世界最大艺术宝库的基础。

如今，卢浮宫已拥有来自世界各地历代各朝的 40 万件艺术珍品，成为人们心中最神圣的艺术殿堂。我第一次参观时，竟然完全沉迷于名画、雕塑以及各色王室珍玩中不能自拔，差点忘却了想去寻找法国王室珠宝的初衷。

是的，在《蒙娜丽莎》《断臂的维纳斯》《胜利女神像》等艺术品华光的对比之下，卢浮宫的珠宝似乎并不那么灿烂夺目。但是，当你偶然路过拿破仑三世套房，发现那件曾经被媒体大肆报道过、价值 1000 万美元的欧仁妮皇后蝴蝶结钻石胸针只是被随随便便地摆在一个角落里时，你就能瞬间领会到那种以豪奢闻名的法国王室深入骨髓的骄傲。究竟怎样才是真正的奢华？不是有一件宝贝就奉为神明，而是件件皆珍宝、处处是传奇，那种低调的随意才是对真正奢华的完美诠释。

阿波罗长廊（Galerie d' Apollon）是我每次去卢浮宫的必访之地。登上胜利女神雕像长梯再左转，你便来到了藏有卢浮宫最多珠宝的地方——在法国历代国王画像的俯视下，数百件法国王室珠宝在廊间的展台上熠熠生辉。这里有用珐琅、黄金与宝石装点的战争女神密涅瓦玛瑙壶；有国王路易十五在加冕时佩戴的鸢尾花王冠，它镶有 282 颗钻石、237 颗珍珠，其中最著名的"摄政王钻石"重达 140 克拉；用青金石制成的宝舟摆件则是洛可可风格的典型代表，珐琅师用黄金和宝石在硕大的青金石上雕刻出惟妙惟肖的海神、斯芬克斯与花叶，将雕塑、珠宝与绘画完美地结合在一起，这是卢浮宫最引以为傲的珍品之一；与之相比，一旁镶有无数宝石的路易十五宝剑就显得平淡无奇了。

卢浮宫还收藏有数以万计的古罗马和古埃及珠宝。那些造型简单的项链、头饰与别针虽然略显粗糙，却曾经闪耀于法老与恺撒的发间与肩头。来自非洲的金器，出自印度的牙雕、古波斯的珍珠项圈和中国的景泰蓝发针，也昭示着卢浮宫对于世界文化的兼收并蓄。只不过它们往往按照年代和国别被分别收藏在各个馆室中，不像世界上大多数的博物馆那样单独辟出一间珍宝馆来收藏它们。

曾经，我私下里埋怨卢浮宫管理人员的淡漠。因为他们甚至吝啬于在那顶镶有 1031 颗钻石以及 49 颗华丽灿烂祖母绿的冠冕边放一张纸进行介绍，告诉你那是法国王室最华丽的后冠，曾经属于断头艳后玛丽·安托瓦内特（ Marie Antoinette ）唯一幸存的女儿昂古莱姆公爵夫人。那套镶有近千克拉重的蓝宝石的冠冕、项链及耳环珠宝套装曾是约瑟芬皇后的心爱之物，曾经辗转流入荷兰王室，最后被波旁王朝的最后一任国王路易·菲利普（ Louis Philippe ）获得，成为末代法国王室的传世之宝……当我第六次拜访卢浮宫在画册中读到本文开头拿破仑那句著名的评价时，我却突然明白了卢浮宫馆方的良苦用心：卢浮宫不仅希望参观者能有一时的惊叹，更期望他们能主动地探寻研究每一件藏品的背景。珍宝的辉煌只明亮于一时，它们身后的历史与艺术才是永久闪耀于银河的恒星。

# 路易十五加冕王冠

*1722 年*

银镀金、钻石、珍珠、蓝宝石、
红宝石、祖母绿

实在难以想象 300 年前，这顶王冠就镶嵌着 282 颗钻石、237 颗天然珍珠，还有大大小小的蓝宝石、红宝石、祖母绿等 64 颗贵重彩色宝石，包括摄政王钻石在内的多颗稀世名钻都闪耀在王冠之上，其价值已然无法估量。然而，集齐如此多珍贵宝石并不是光有钱就能办到，只有至高无上、权力无边的王室才能实现。它就是波旁王朝辉煌时期路易十五（Louis XV）的王冠，也是法国历史上第一顶镶嵌稀有宝石的王冠。王冠顶部还抽象地用 5 颗钻石镶嵌、勾勒出法国王室的徽志——鸢尾图腾。

有些遗憾的是如今这顶摆在卢浮宫中的王冠价值已不复从前。1885 年，法兰西第三共和国决定出售这顶王冠。幸运的是，考虑到它对于波旁王朝以及法国的历史意义，第三共和国仅仅出售了王冠上的宝石，并用玻璃还原了王冠原貌，使得人们还能欣赏到这件见证了法国王室跌宕历程的非凡王冠。

# 谁曾拥有它：法国国王路易十五

法国国王路易十五是"太阳王"路易十四的曾孙，出生在凡尔赛宫，5 岁就登基成为国王。

路易十五从小就时刻被熏陶着对奢华艺术的审美和品位。1722 年，他只有 12 岁，加冕典礼上的这顶王冠和他需要承担的责任一样沉重。王冠由珠宝匠劳伦·罗登（Laurent Ronde）制作，上面奢华地镶嵌了法国王室几十年来收集的珍罕宝石，包括摄政王钻石、桑西钻石、马扎里安钻石等历史名钻，各种彩色宝石、天然珍珠也应有尽有。

路易十五国王在位近 59 年，他的统治日渐衰落，1789 年法国大革命爆发。但是他奢侈地赞助文化和艺术领域，那些流传下来的建筑、艺术品和珠宝，都是人们津津乐道的话题。

# 古埃及神像吊坠

*公元前 874—前 850 年*

黄金、青金石

代表太阳的黄金搭配象征夜空的青金石，是典型的古埃及审美。珠宝的主体由纯金打造，三个人物分别是司阴府神奥西里斯（Osiris）与妻儿伊西斯（Isis）和荷鲁斯（Horus）。奥西里斯以蹲着的姿势蜷缩在青金石柱上，他的妻儿则伸出手臂在两侧保护着他。你一定奇怪奥西里斯为什么蜷缩着。是的，这个姿势在神像中实属罕见，不过，能揭示这神奇渊源的铭文却因修复而不见了踪影，留给我们的只有无尽猜想。

# 伊特鲁里亚
# 金工耳环

*公元前 6 世纪*

黄金

谈起这对耳环的精湛做工与梦幻设计，就一定要提起伊特鲁里亚文明（Etruscan）中那些技艺高超的金匠。他们学习近东的技术，并在此基础上创造出能够实现明暗对比效果的仿木纹掐丝工艺。你可以看到这对耳环上用金线勾勒出的各种几何和植物图案，它们闪耀着不同的光芒，细节之处尽显美妙。

# 波斯双狮手镯

*公元前 350 年*

黄金、绿松石、青金石

这件作品出土自一位波斯阿契美尼德王朝重要大臣之墓。镶嵌着绿松石与青金石的鬃毛以及两头对称的狮子让这个手镯亮点十足，掐丝、珐琅、内填、浮雕技术的熟练运用让这两头猛兽活灵活现、凶猛而庄严。如果你来到它所在的展厅，就会惊讶地发现它的周围还有很多作品都拥有相似的动物对称图案。这绝对是在古代波斯王室贵族中十分盛行的装饰。

# 古希腊宝石王冠

*公元前 3 世纪*

黄金、宝石

这顶素雅的古希腊王冠的确看起来并不繁复，不过它在当时可是极具创新意义。高超的金银细丝工艺，将理想主义的韵味与天马行空的创意完美融合，公元前 3 世纪的金工已有模有样。不仅如此，王冠上还细细密密地镶满了宝石珠粒。黄金与铜的结合使得其分量不轻。于是，工匠在镂空设计的基础上，还在王冠后面不闭合的位置设计了两个小孔，这应该是有固定绑带的用途。

# 波兰鹰石榴石胸针

*1640 — 1660 年*

黄金、珐琅、红宝石、祖母绿、珍珠、石榴石

1640 年左右，波兰瓦迪斯瓦夫四世·瓦萨（Vladislaus IV Vasa）国王定制了这枚白鹰胸针赠送给妻子。白鹰是波兰的标志，珠宝匠人用珐琅彩描绘出白鹰的羽毛；王冠、权杖、宝球"三件套"象征着至高无上的王权。为了表达爱意，鹰的胸口镶嵌着一颗大大的心形切割石榴石，体现了国王别致的用心。

鹰的翅膀和尾翼隆重地镶嵌着大大小小、各种切割形状的上百颗红宝石，最下面还特别地垂坠了一颗正圆的天然珍珠。要知道在 17 世纪，天然珍珠是可遇不可求的，只有王室才有机会拥有。后来这枚胸针又被传承给了下一任波兰国王，直到 1673 年，这枚波兰王室的珠宝辗转到了法国国王路易十四的手中，艺术品位极高的"太阳王"自然也是对它爱不释手。

# 140.64 克拉
# 摄政王巨钻

*1698 年*

钻石

据说，这颗传奇的摄政王巨钻 1698 年发现于印度科鲁尔（Kollur）矿，由 420 多克拉最终被切割成 140.64 克拉，无瑕级完美。它有着颠沛流离的经历，沾满血腥和欲望。1722 年，在路易十五的加冕典礼上，摄政王钻石就被镶嵌在他的王冠上；拿破仑一世也对它爱不释手，甚至把它镶嵌在佩剑的剑柄之上，每天爱抚；拿破仑三世结婚时，摄政王钻石又被镶在了欧仁妮皇后的新冠冕上……直到 1945 年，摄政王钻石被收入卢浮宫。

# 玛丽皇后马赛克套件

*1810 年*

黄金、蓝色琉璃内嵌马赛克微雕

1810 年，18 岁的奥地利女大公玛丽·路易丝( Marie Louise )嫁给法国皇帝拿破仑一世，成为他的第二任皇后。这套首饰就是拿破仑一世送给皇后的礼物，于 1811 年被载入法国"皇冠钻石"皇家珠宝收藏录。这套首饰包括一条项链、一个梳形发饰、一对手链和一对耳环。整套珠宝在黄金之上装饰着蓝色琉璃与马赛克微雕图案，主题是著名的古罗马建筑和遗迹。虽然那些精雕金葡萄叶和葡萄串在第一帝国时期比较少见，但它的确是后来浪漫主义风格的前奏。黄金渲染出华丽帝权，细腻轻薄的金饰雕刻流露出古希腊的遗风。虽然没有镶嵌大颗钻石，但精细的马赛克微雕令艺术观感毫不逊色，发梳中细腻繁复的设计还可以让人找出一丝洛可可风格的痕迹。

# 约瑟芬皇后
# 珍珠耳坠

*19 世纪初*

黄金、银、珍珠、钻石

拿破仑一世的第一任皇后约瑟芬很喜爱珍珠，她在位时曾向御用珠宝大师尼铎（Nitot）订制了不少珍珠珠宝。后来，这些珍珠珠宝大多流散四方，有的送人了，有的被分割或重新组装，这对珍珠耳环却被幸运地留存下来。耳环由两大颗水滴形珍珠构成，分别重134 格令（约8.68 克）和127 格令（约8.23 克）。耳针扣镶嵌着钻石，璀璨呼应，衬托着天然珍珠的珍贵。

# 全套蓝宝石皇家珠宝

*1839 年*

黄金、钻石、蓝宝石

这套蓝宝石钻石珠宝曾经被霍尔腾（Hortense）王后、玛丽-艾米丽（Marie-Amélie）王后以及奥尔良的伊莎贝尔（Isabelle）陆续珍藏，这从她们不同年代的画像中就可以寻到线索，甚至可以发现那些改动的痕迹。大克拉、高净度、纯天然是对这套珠宝上镶嵌的斯里兰卡蓝宝石最准确的形容，它们霸道地宣示着这套珠宝奢华与高贵的皇家血统。和镶嵌的大大小小的钻石相比，集齐此一整套蓝宝石更为难得，且颗颗尺寸不俗，丝绒般的深蓝色泽也不失透明度。整套珠宝可以让人看出设计中由帝政风格向维多利亚风格过渡的细节，用钻石烘托大颗珍贵宝石是帝政风格的突出特点。

# 03 大都会艺术博物馆

The Metropolitan Museum of Art

## 北美艺术"大百科"

在这儿：美国纽约

从 4 号地铁出来，沿途看看纽约第 5 大道的街景，摩天高楼的缝隙中透出无比湛蓝的天空，各种肤色的人行色匆匆，街边名店林立。从 85 街走到 82 街，眼前豁然开朗，一座气势不凡的文艺复兴式白色建筑映入眼帘。

这就是纽约客口中亲切又随意的"The Met"。纽约大都会艺术博物馆（The Metropolitan Museum of Art），是与巴黎卢浮宫、伦敦大英博物馆、圣彼得堡埃米塔什博物馆齐名的西方世界四大博物馆之一。

这座博物馆的来历可追溯到 1866 年 7 月 4 日。这一天是美国国庆日，几位身在法国的美国知识分子在巴黎的一家餐馆相聚。那时，卢浮宫已对外开放了 70 余年。他们谈天说地，聊聊艺术，聊聊博物馆。一位名叫约翰·杰伊（John Jay）的律师建议，在自己的国家创建一个博物馆，给予人们艺术熏陶。这个建议立刻得到了积极的响应，聚会后一个筹备小组很快成立。经过漫长的游说和筹资过程，1872 年 2 月 20 日，纽约大都会艺术博物馆首次开放，位于第五大道 681 号。在一代又一代人的努力下，现在博物馆的面积比当年扩充了 20 倍，馆藏超过 300 万件艺术品。从古埃及的花瓶到古罗马的雕像；从蒂芙尼的珠宝到伦勃朗的油画；从最时髦的亚历山大·麦昆"野性之美"时装艺术展到谜一般的中国传统水墨展……拥有近一个半世纪的纽约大都会艺术博物馆收藏着来自全世界的世代珍品，俨然像一本精深广博的艺术大百科全书。

每次造访大都会艺术博物馆，我都会流连于路易斯·康福特·蒂芙尼打造的顶天立地的巨型彩色玻璃屏风之间，仿佛走进一个梦幻的世界。19 世纪末期，路易斯把欧洲轰轰烈烈的新艺术运动（Art Nouveau）带回纽约，改进了新的彩色玻璃工艺"铜箔法"，打破了欧洲沿用千年的传统镶嵌技法，让玻璃画面不再有明显分割的痕迹。而且他还把彩色玻璃工艺有机融入各种生活装饰品中，声名远播的莫过于蒂芙尼彩色玻璃灯罩。苹果公司联合创始人史蒂夫·乔布斯曾经为寻求灵感，还带着团队来大都会艺术博物馆参观蒂芙尼的玻璃制品展览。极度追求完美的乔布斯早年的家中几乎没有任何家具，空空的厅里只有一盏彩色玻璃灯罩装饰的蒂芙尼落地灯，因为他认为"除了出自路易斯之手的蒂芙尼彩绘玻璃落地灯，我找不到其他任何符合我标准的设计"。

至于珠宝，纽约大都会艺术博物馆的藏品超过 8000 件，零散地分布在 19 个馆中，绝对可以让你领略一场丰富的视觉盛宴。珠宝收藏的时代跨度从公元前 2000 多年延续到 20 世纪。最早的珠宝是一件古埃及的儿童饰品——一串珠链。不过，当你一件件地浏览这些珠宝时，可能会觉得风格芜杂、精粗不一，也许这正是美国的风格——一个只有 200 多年历史的移民国家，在文化上崇尚多元和开放，对一切古老和现代、本土和异域的文明都怀有极深的敬意，且珍而重之，将其保存起来。

据说"The Met"的镇馆之宝是一整座 2460 年前的埃及古墓，它是美国与埃及合作修建水库时被发现的。埃及觉得它反正要被淹，于是就把它送给了美国。古墓被整座搬来美国，并用专门做的巨型玻璃罩保护起来。亚洲馆里有一座仿制得韵味十足的苏州园林，捐赠人是一位纽约名媛。她在中国度过了美好的童年时光，称"那段生活造就了我热爱自然的审美情趣"，于是捐赠数百万，从苏州请来能工巧匠复制了一个原汁原味的园林。博物馆常有可观的捐赠，据称，"9·11 恐怖袭击事件"的第二天，"The Met"收到一张 200 万美元的支票，捐赠人对馆长说："最近顾客一定会少很多，这个你会用得着。"

也许正是因为人们这份对各种艺术和文化的敬意，年轻的美国才能拥有这座跻身西方世界四大博物馆的纽约大都会艺术博物馆吧！

# 蒂芙尼新艺术蜻蜓头饰

*1904 年*

黄金、银、铂金、
黑欧泊、翠榴石

这件将自然瞬间定格的珠宝出自纽约珠宝大师蒂芙尼家族第二代路易斯·康福特·蒂芙尼（Louis Comfort Tiffany）之手，他传承欧洲新艺术风格的自然写实风，又将每个细节刻画得精美至极。它是当年美国糖业大亨夫人传给儿媳又传给孙女的传家宝。头饰中两只栩栩如生的蜻蜓停在蒲公英花球之上，金属细丝制成的蜻蜓翅膀尤其逼真。黄金、银、铂金完美结合，完全没有违和的痕迹，黑欧泊、翠榴石等那个年代非常新鲜的彩色宝石被大胆运用。还有从欧洲传袭的珐琅工艺将落败的茎托、蒲公英的星星点点鲜活点缀。

这是自然中灵光一闪的瞬间——蜻蜓随时会振翅飞走，只要吹来一阵微风，蒲公英就会四处飞散。这一个瞬间被定格下来，成为一件摄人心魄的珠宝杰作。这正是蒂芙尼存世巨作中极具识别力的美好作品，并且非常难得地被完好保存。

# 谁曾拥有它：路易斯·康福特·蒂芙尼

1848年2月18日，路易斯·康福特·蒂芙尼出生于美国纽约，他是蒂芙尼珠宝公司创始人查尔斯·刘易斯·蒂芙尼的儿子。他虽然没有父亲天才般的营销能力，但极富想象力和创造精神。他从小喜欢画画，在美国曾师从几位知名艺术家学画。1865年父亲满足了儿子路易斯·康福特·蒂芙尼的愿望，送不满18岁的他去欧洲继续深造艺术。由于家境优渥，路易斯经常在欧洲和北美旅行，还曾与画家罗伯特·斯温·吉福德一起去探索北非，异域的风土人情和艺术风格令他大开眼界，流连忘返。

路易斯在法国参观巴黎圣母院以后爱上了彩绘玻璃，又深受欧洲新艺术运动的影响，设计、打造出彩绘玻璃窗、玻璃马赛克等大型装饰作品。他制作的彩绘玻璃灯具、珠宝饰品也佳作频出。他把自己理解的新艺术风格带回美国，并在1877年与约翰·拉法尔格和奥古斯都·圣高登斯等艺术家组织了美国艺术家协会，以反对学院派的保守主义。他的珠宝作品也格外强调手工艺的重要性，但设计却更趋向英国的工艺美术风格，线条相对简洁利落，选题也更写实。1902年父亲查尔斯·刘易斯·蒂芙尼去世后，路易斯继承家业，成为蒂芙尼的首位设计总监，继续开创和实现着自己对艺术的执着追求。

# 蒂芙尼珊瑚精雕套装

*1854—1870 年*

金、珊瑚

19 世纪的美国，国际贸易日益繁荣，之前，美国的珊瑚珠宝大多是从意大利转经英国进口的，后来则从那不勒斯直接进口，材质资源的丰富也引发了珠宝的流行风尚。

1837 年创立品牌的蒂芙尼，起势发展迅猛。美国内战后迎来"镀金时代"，创始人查尔斯·刘易斯·蒂芙尼看准时机，从法国皇室购入大量珠宝，同时把欧洲先进的珠宝工艺、前沿的艺术设计带回美国。

珊瑚作为一种有机宝石，在欧洲古文明中被赋予疗愈、催眠的寓意，不仅颜色自然、温暖，硬度也相对柔软，更容易令雕刻工匠实现设计师的灵感和创意。

这组耳饰、胸针套装是比较典型的维多利亚风格，方寸间竟然精细雕刻了几种不同样貌的花朵和叶片，来致敬自然主义。珠宝的柔美女性气质也突出呈现了维多利亚中后期如火如荼的"考古复兴风格"，似乎能感受到一丝华丽、浪漫又细腻的洛可可风格。这对耳坠下部的花朵可以拆卸取下，耳环的长短可巧妙地调节。

# 珍珠珐琅珠宝套装

*1905 年*

黄金、祖母绿、蓝宝石、
珍珠、珐琅

这套优雅的项链、胸针、发梳首饰是芝加哥实业家理查德·T（Richard T）为女儿艾米丽·克兰·查德伯恩（Emily Crane Chadbourne）订制的，满载温馨美好。项链为四股珍珠，可以单独佩戴，还可以和旁边的既是胸针又是项链坠的饰品神奇地组合在一起。女儿长大了，一些奢华、隆重的场合自然用得上它。后面的项链扣尤为精致，一小簇珍珠与绿叶珐琅巧妙搭配。可单独佩戴的吊坠同时也是胸针，更别有一番风味，它由贵重的祖母绿、蓝宝石和珍珠镶嵌而成。

整套首饰的设计师是弗洛伦斯·科勒（Florence Koehler）。他曾在英国、法国和意大利居住，从文艺复兴的作品中汲取了大量灵感，擅长用珍珠、宝石、未打磨的黄金及珐琅表现唯美主义和工艺美术运动的理念。

# 透光珐琅黄金胸针

*1900 年*

黄金、钻石、红宝石、珐琅、珍珠

这枚瑞克兄弟（Riker Brothers）制作的黄金胸针，构图充满巧思：一只鹭鸶站在花叶上，花叶用一枚珍珠和两颗钻石点缀，鹭鸶的眼珠则是一枚红宝石，从花叶之下盘绕而上的黄金芦苇叶装饰着胸针的边缘。夕阳西下的背景由运用镂空珐琅彩绘（plique-à-jour）工艺的明黄、翠绿和艳蓝构成，艳丽而协调。

胸针运用了 19 世纪晚期很常用且最不同寻常的珐琅工艺，plique-à-jour 法语意为"让光透过"。先在金属底板上烧上透明或半透明的珐琅，色块之间用金属丝分割，然后将底板的金属溶解掉或剥离，从而获得类似教堂彩色玻璃的效果。19 世纪晚期，镂空珐琅彩绘开始在法国流行，后传到美国。因为其高难度的操作，所以在当时的美国只有极少数珠宝商可以掌握，蒂芙尼公司（Tiffany & Company）和马库斯公司（Marcus & Company）偶尔会在重点作品上使用镂空珐琅彩绘工艺。

# 珍藏发丝的纪念珠宝

*1868 年*

黄金、珍珠、珐琅、头发

这枚胸针是 19 世纪纪念珠宝的典范，借鉴了欧洲维多利亚时代纪念珠宝的风格。在这枚蒂芙尼打造的小小的 4 平方厘米的胸针上，精细编织的发丝被放在抛光完美的水晶小匣子中，周围的黄金镶嵌着白色珍珠，黑色珐琅细细勾勒和点缀，简洁而优雅，又不掩肃穆的意味。红褐色的发丝属于科妮莉亚·雷·汉密尔顿（Cornelia Ray Hamilton）女士，她仅仅 37 岁就离世了，她的生辰和死祭都被镌刻在这枚胸针的背面，想必这是她的后人怀念她的最美好的信物。

# 不一样的美国
# 新艺术风格
# 项链

*1904 年*

黄金、珐琅、欧泊

19 世纪末，美国新艺术运动追随着欧洲开始风行。这种艺术风格崇尚对自然的模拟，经常采用不对称的形式。在这样的风气中，珐琅、欧泊这些比较低廉的材质代替了钻石以及其他稀有的宝石。路易斯·康福特·蒂芙尼是这个时期的珠宝先行者，他的很多设计成为蒂芙尼的经典典范，流传至今。

这条不对称葡萄藤造型的项链正是一件极具代表性的杰作，它由路易斯·康福特·蒂芙尼设计制作。包镶的小粒黑欧泊被做成惟妙惟肖的果实，珐琅被用于精细地描绘栩栩如生的葡萄叶子，甚至制作者还抓住了叶片从黄到绿的过渡感。路易斯·康福特·蒂芙尼被欧泊火焰般的光泽深深吸引，不对称的设计和藤蔓果实的形状还原了自然的真实形态，自然始终是蒂芙尼热爱的灵感元素。这条项链被改进过两次，直到成为现在我们所看到的"奢华版"。

# 内填珐琅金雕带扣

*1868 年*

黄金、珐琅

环顾博物馆我们可以看到美国珠宝工艺的变迁，1849 年是美国珠宝工艺的一个分水岭。这一年，加利福尼亚发现了金矿，于是黄金被大量运用在戒指、胸针、腰带扣上，工艺日渐精湛。这个时期的珐琅技术也精彩纷呈，一种名为内填珐琅（Champlevé）的珐琅技术甚至还获得了专利。这种技术主要在金属表面刻出形状，然后将珐琅填入，抛光后珐琅会与金属牢固地结为一体。

这枚腰带扣由加利福尼亚首饰公司于 1868 年制作，腰带扣两边雕刻着智慧女神密涅瓦（Minerva）和熊，灵感源自加利福尼亚州州印上的图案。腰带扣背后焊接着 3 枚小小的圆环，这还是威廉·卡明斯（William Cummings）先生的专利发明，它可以保证腰带扣的针能够顺利插进腰带孔中。

# 人物浮雕艺术胸针

*1835 年*

黄金、珐琅、海螺壳

18 世纪末期和 19 世纪初期，由于拿破仑一世（Napoléon Bonaparte）对罗马浮雕的热爱，"浮雕热"横扫欧洲。浮雕工艺的繁盛始于意大利，古老的手工艺被复兴，当时的意大利成为艺术的中心。浮雕珠宝工艺日益精进，微雕技艺甚至可以在贝壳上雕出有色彩反差的层次感。浮雕珠宝作品不仅热销欧洲，还出口到了美国，这种珠宝时尚也流传到了美国。

这件精雕细琢的贝雕胸针的真实尺寸只有 6.4 厘米 ×5.7 厘米，但它不失为一件映衬时代的艺术作品。由美国雕刻家乔治·W. 贾米森（George W. Jamison）所刻的美国第七任总统安德鲁·杰克逊（Andrew Jackson）的半身像，五官立体，发丝细腻，雕像的肩膀下还有"G. J."缩写签名。之后，金匠威廉·罗斯（William Rose）将这件浮雕用黄金和珐琅镶嵌起来，精细的珐琅边框上是杰克逊的 1830 年著名晚餐致辞："THE UNION / IT MUST AND / SHALL BE / PRESERVED（联邦必须和应该保存）。"

# 钻石花朵灵动胸针

*1880—1900 年*

黄金、银、钻石

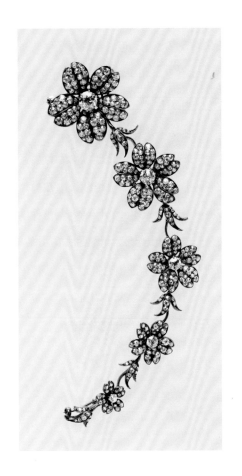

19 世纪的最后四分之一，钻石成为时髦的风尚，深入到美国社会阶层的日常生活。1889 年 4 月 7 日，《纽约太阳报》登着以下文字："钻石点缀在刚步入社会的年轻女性的颈间、耳际，还有腕间；钻石闪耀在年轻女孩们的指间；钻石甚至还闪动在小 Baby 的小胖手上，还有他们的爬服上……"随着 1869 年南非钻石矿的发现和开采，美国拥有了大量钻石资源的供给，弥补了之前只能依靠印度和巴西矿源的不足。随后"电"闯进了人们的生活，有了电灯人们可以欣赏到更闪亮的钻石。增加钻石切面数的切割技艺也在日益精进，钻石可以更加璀璨。镶嵌工艺同样得到很大发展，钻石背后的金属也在追求让更多的光穿透的效果。

当时，佩戴胸针成为时尚，花环式样的珠宝被女人戴在礼服的胸前或腰间。比如这件蒂芙尼钻石、黄金胸针，5 朵花朵居然精致地镶嵌着 305 颗钻石，花朵如瀑布般依大小顺次倾下，上下两端皆设有别针，且可以灵活弯曲转动，摆出更多造型。

# 04 埃米塔什博物馆

The Hermitage Museum

埃米塔什博物馆是世界四大博物馆之一，人们常称它为冬宫博物馆

## 珠宝狂的欲望都市

在这儿：俄罗斯圣彼得堡

部分图片／视觉中国

相比庄严辉煌的双重凯旋门大门，我向来更喜欢从涅瓦河岸边那个鲜为人知的雕花小门进入埃米塔什博物馆。那里生长着大丛的冬蔷薇，薄荷绿色的宫殿外只用了简单的白色捆边装饰，并非金碧辉煌，却更符合叶卡捷琳娜二世建造它的初衷：1764 年，这位女沙皇将自己珍爱的 250 幅伦勃朗和鲁本斯等人的名画放置在这片安静的宫殿内，并亲自将它命名为 Hermitage，意即"隐士宫"。那时候的她并没有想到，自己的私人收藏室有朝一日竟然会变成与巴黎的卢浮宫、伦敦的大英博物馆、纽约的大都会艺术博物馆齐名的世界四大博物馆之一。

这位俄国历史上最伟大的女沙皇，曾想把所有巴黎最美的景色都移植到圣彼得堡。因为，很多人都认为这座巴洛克式的宏伟建筑像极了卢浮宫与凡尔赛宫的结合体。不过，只有走进博物馆内部，你才能完全感受到那种沙俄帝国特有的大气与庄严，这是完全摈除了洛可可琐碎风格的高贵简洁，也是目中无尘的典雅骄傲：别国王室精心镶嵌在皇冠上的孔雀石、碧玉、玛瑙，在这里竟然被用来铺设大厅的地板；而消失在第二次世界大战烟尘中的琥珀屋，更是世界珠宝史上一道无法逾越的传奇——这件被称为"世界第八大奇迹"的珍藏，或许是历史上体形最大的"珠宝"，它的面积达 55 平方米，由 6 吨比黄金还贵重的琥珀制成，表面还装饰有上千颗名贵的钻石与宝石，琥珀屋当年也被收藏在埃米塔什博物馆中。

埃米塔什博物馆的珍藏数量只能用"浩瀚"来形容，据说若想看尽所有开放的展厅，行程约计 22 千米。我虽然已经是第四次拜访，却仍然觉得自己只参观完埃米塔什博物馆的二分之一。当然，无论是达·芬奇、毕加索、拉斐尔、梵高、莫奈的名画，还是美索不达米亚半岛的铜器、古埃及雕塑与拜占庭圣像，都能让每一位参观者心醉，但对我而言，最有吸引力的仍然是那些带着强烈俄罗斯风情的珠宝。

埃米塔什博物馆收藏的每一件珠宝，都充盈着俄罗斯那种举重若轻的豪奢气质，它们全都霸气、隆重、实用。3000 颗钻石会被用于装饰圣经的封面；重达数十千克的黄金、祖母绿与蓝宝石竟然也会被精心雕刻成一只一人多高的孔雀珠宝座钟；就连一件女王的普通晚装手袋，都是用细若发丝的金丝编织而成，上面还缀满了上百粒纯圆的珍珠。这是其他王室望尘莫及的富贵从容，更是北方帝国最值得骄傲的物华天宝。

埃米塔什博物馆里最著名的珠宝，莫过于叶卡捷琳娜二世的加冕皇冠，世界第二大的红色尖晶石被镶嵌在其上。皇家御用珠宝师法贝热亲手制作的复活节彩蛋为俄罗斯民族独有，这些精美绝伦的彩蛋由黄金、钻石、美玉及各色华贵宝石打造而成。还有那陈列在小埃米塔什宫的亚历山大变石戒指，在灯光下，它会呈现鲜艳的红色，在日光下，它则沉静如翡翠般碧绿，沙皇亚历山大特许它用自己的帝号命名。

埃米塔什博物馆收藏的珠宝实在是太丰富了！几千件藏品分别来自欧洲、亚洲、北美洲、南美洲，时代之宽泛甚至跨越了史前与现代，它们主要陈列在博物馆的珍宝廊（the Treasure Gallery）。珍宝廊有两个区域，黄金室（Gold Rooms）主要展出欧亚大陆、黑海沿岸和东方的古董珠宝，而钻石室（Diamond Rooms）则展现了公元前 3000 年至 20 世纪初珠宝工艺的发展历程。

细数两个半世纪埃米塔什博物馆的历史，那些不计其数的黄金艺术品，动辄用千万宝石珍珠镶嵌的皇冠，曾经近 10 万颗钻石的馆藏储备……1764 年，被女沙皇叶卡捷琳娜二世命名的埃米塔什博物馆历经流年传奇，用件件绝世珍宝，向我们娓娓讲述着俄罗斯帝国的古老奇迹。

# 叶卡捷琳娜大帝
# 加冕皇冠

*1762年*

黄金、银、钻石、尖晶石、珍珠

这顶震撼的大皇冠是1762年皇室御用珠宝师波吉耶联手金匠、珠宝镶嵌师一同为叶卡捷琳娜二世加冕典礼特制的，总共镶嵌4936颗重达2858克拉的钻石。据说，上面数颗重要的钻石都是从欧洲国王的冠冕上取下来的。大皇冠的设计深受拜占庭风格影响，整体由两个半球组成，分别象征着东西罗马帝国，中间是橡叶状花环和橡树果，象征着沙皇帝国的神圣权力。皇冠顶部的十字架下面镶嵌着被认为是世界第二大的尖晶石，它近400克拉重，曾一度被误认为是红宝石，后被宝石专家鉴定为稀有的红天鹅绒色尖晶石。

## 谁曾拥有它：叶卡捷琳娜二世

叶卡捷琳娜二世（Catherine Ⅱ）登上皇位并不简单，她原本是普鲁士一个小公国的公主。1744 年机缘使然，被伊丽莎白女王指定嫁给皇储彼得。彼得三世（Peter Ⅲ）继位后并不得人心，也并不爱他的妻子，1762 年 6 月，叶卡捷琳娜在她的情人近卫军军官格利高里·奥尔洛夫（Grigory Orlov）的拥护下发动政变，废黜了彼得三世。同年，叶卡捷琳娜二世委托皇室珠宝商和钻石工匠为自己打造加冕皇冠。

1762 年 9 月 22 日，叶卡捷琳娜二世在莫斯科克里姆林宫圣母大教堂加冕，加冕仪式上她戴的就是这顶奢华无比的大皇冠，这也是罗曼诺夫王朝第一次使用俄罗斯帝国冠冕。自此开始了叶卡捷琳娜大帝长达 34 年的铁腕统治，她曾豪情万丈地说道："假如我能够活到 200 岁，全欧洲都将匍匐在我的脚下！"

# 萨尔马特王冠

## 公元 1 世纪

黄金、紫水晶、石榴石、
绿松石、珊瑚、玻璃

这件造型粗犷的王冠是古代萨尔马特人的珍宝。萨尔马特人是公元前 5 世纪至公元 4 世纪时生活在南俄草原的伊朗人，已经在 1400 年前完全消失于历史长河中。1864 年，俄罗斯人在克科拉奇（Khokhlach）古墓中发现了这顶王冠。它的表面镶嵌着各种缤纷的宝石，中心则是一个王族戴冕女子的浮雕半身像。王冠的上部还有抽象的生命之树金雕，下面则是带有强烈两河流域风格的垂饰。

# 博斯普鲁斯古希腊
黄金耳饰

*公元前4世纪*

黄金、珐琅

出自博斯普鲁斯（Bosporan）古王国的耳环，带有鲜明的古希腊色彩，已经有将近2500年的历史。博斯普鲁斯古王国在黑海的北面，国民说希腊语，因此其金饰多用古希腊人挚爱的扭纹花饰装饰。耳环下方的贝壳形坠饰，更有着强烈的航海风格。对于远古珠宝而言，这对耳环可谓巧夺天工，它的造型精美而对称，圆形耳盘上雕刻着复杂的花纹，新月形的耳坠部分还有精妙的花环纹饰。

# 古埃及浮雕玛瑙

## 公元前3世纪

多色玛瑙、银、铜

这件浮雕是文艺复兴时期龚萨格（Gonzaga）家族最古老的收藏，来自公元前3世纪的古埃及亚历山大城。一大块阿拉伯多色玛瑙上，精心地雕刻着当时古埃及的统治者托勒密二世（Ptolemy Ⅱ）及其王后阿西诺亚（Arsinoë），那位美丽的女子既是他的姐妹，也是他的妻子。他们的形象被巧妙地刻画成与天帝宙斯及天后赫拉神似的形象，以此来表现王权的尊严。玛瑙的材质异常坚硬，要打造这样一块浮雕玛瑙至少需要数年的时间。最早的浮雕玛瑙，便诞生在亚历山大城。

# 黄金橄榄枝花环

*公元前 4 世纪中期*

黄金

2000多年前的博斯普鲁斯王国深受希腊文化的影响，橄榄枝花环往往被用来表彰竞技赛事的获胜者。然而这件黄金花环并没有任何佩戴过的痕迹，而更像是被用于某种仪式。花环上一些黄金叶子的烧灼痕迹说明，它曾作为陪葬物品被放入火葬的柴堆中。这件精美生动的纯金花环由多个部件组装而成，两条纤细的橄榄枝旋转缠绕成主枝干，两侧用金属丝固定着向中心螺旋的叶子和浆果。当时古希腊的工匠手工艺已出类拔萃，他们将脱模而出的层层薄金子反复锤打、雕刻，打造出各种造型甚至阴影线条，累丝技术已开始被应用于打造精细的装饰。

# 鹰头银质带扣

*公元 7 世纪早期*

银、铜、玻璃

1903 年，这件银质带扣偶然在乌克兰科列伊兹镇（Koreiz）的古墓被发现。鹰头图案来自东亚文化，其风格也很大程度地受到哥特祖先的影响。银质偏软，更显得工匠的雕工游刃有余，鹰眼、扣针以及中间装饰原来应该镶嵌玻璃，但现在已不见踪影。1000 多年前的扣针设计已非常实用而合理，实为难得。善战凶猛的哥特人在历史上曾占领亚欧大陆广阔的区域。巅峰时期，哥特人的领土从多瑙河一直延伸到现今俄罗斯的顿河，从黑海一直到波罗的海，其文化对整个日耳曼地区中世纪的文化与艺术风格产生了很大影响。

# 巴洛克珍珠天鹅项坠

*1590 年*

黄金、珐琅、珍珠、钻石、红宝石

这件由荷兰大师制作的项坠堪称 16 世纪的精品。天鹅的主体巧妙地选用一颗巴洛克异形珍珠来表现，创意十足。王室贵族们钟情于巴洛克珍珠起伏面上特有的光线折射，他们认为，巴洛克珍珠的光泽和形状可以带来广阔的幻想空间。16 世纪也是文艺复兴盛期，珠宝风格色彩明快，动物主题备受欢迎。项坠上的天鹅不仅惟妙惟肖，珐琅工艺与镶嵌工艺的无痕融合更是令人惊叹。

# 05　　　　　埃及博物馆

The Egyptian Museum

## 众神与法老的"新宅"

在这儿：埃及开罗

搭乘航班飞往开罗、卢克索或阿斯旺等埃及的重要城市，下降盘旋的时候总能发现感人的景致——蜿蜒的尼罗河由南向北流淌，像一条镶嵌在大地上的蓝宝石项链，闪烁着粼粼波光。河的东西两侧却是山谷或一望无际的黄色沙漠，绿色向着黄色区域努力蔓延，这正是数千年来埃及人与自然相处的真实写照。

在这样一片被众神眷顾的土地上，在悠长的岁月中，生活在尼罗河两岸的古埃及人创造了辉煌的文明。你无法想象，古往今来这里不断吸引着各路历史学家、艺术家甚至王室贵族前赴后继地来探寻它的神秘。公元前 3 世纪甚至更早的阶段，在地中海形成的贸易圈当中，产自古埃及的艺术品和商贸用品就已风靡各地；公元前 5 世纪，被称为"历史学之父"的古希腊历史学家希罗多德深深地为它着迷，曾感慨"埃及是尼罗河的馈赠"；14 世纪之后，达·芬奇等大咖对于金字塔等三角形建筑的痴迷极大激发了创作的灵感，这种稳定的结构和比例造就了大师们的艺术审美；18 世纪末，埃及的超级"大粉丝"拿破仑派遣由历史学家、专业画师和军队组成的数百人团队远赴埃及，成为近代埃及学研究的开端，并在随后的 200 年内掀起了持续高温不退的"埃及热"。

1922 年，历经 18 年考古发掘之后，霍华德·卡特在底比斯西岸的帝王谷内终于找到了第十八王朝法老图坦卡蒙的陵墓，成千上万的珍宝得以重见天日，成为"埃及热"的高光时刻。从 20 世纪 20 年代开始，装饰艺术风格（Art Deco）盛行，埃及元素随处可见，并且对接下来百余年的当代设计产生了深远的影响。

位于埃及首都开罗市中心的埃及博物馆是世界上当仁不让收藏埃及历史文物最多的博物馆。兴建博物馆的念头源于 1835 年，当时主管文物的政府官员穆罕默德·阿里发现各处考古地点屡遭掠夺，大量文物流失海外，于是产生了建造博物馆的想法。1858 年，文物管理部部长马里埃特为博物馆的核心展厅布置制订了计划，他希望随着埃及国内出土的重要文物数量的增多，它们都能在开罗市中心找到一个体面的永恒归宿。

埃及博物馆的藏品代表了世界上最古老的大河流域文明之一，最为古老的珍藏可以追溯到公元前 5000 至前 3000 年前王朝时期的巴达里文化和涅伽达文化，这是上下埃及统一的前夜。虽然古埃及的神王、法老、高官、书吏们早已成了历史，但博物馆却仍让古埃及文明的精粹"活着"。

埃及博物馆里的收藏可以说是世界上独一无二的，尤其是金银制品和珠宝首饰。纽约大都会艺术博物馆发掘的中王国法老辛努塞尔特三世的母亲韦赖特王后和公主们的"韦塞赫"项圈，在黄金上装饰着青金石、绿松石、红玉髓等艳丽的彩色宝石，构成了埃及珠宝首饰中恒久不变的"四原色"搭配。所有展品中名气超高的图坦卡蒙法老黄金面具，和伴随面具一起出土的 5000 多件黄金艺术品，将錾刻、锤揲、金珠、镶嵌等制作工艺运用得炉火纯青。它们具有无尽的神秘感和超级魔力，带给人无穷的想象。

每次走进博物馆庭院的铁门，迎面而来的粉红色建筑和纸莎草池塘令我们在尚未踏入展厅之前就感受到了埃及的异域风情和那些美丽艺术品的巨大吸引力。建于 19 世纪的博物馆自带经岁月沉淀后的优雅气质，建筑顶上的哈索尔女神和埃及艳后克利奥帕特拉雕塑的眼睛里似乎都有火光在闪烁，仿如遥远古代流传下来的文明之火。

博物馆外部庭院和内部展厅摆放着满满的文物。我们常跟博物馆的莎哈馆长和法提玛秘书长开玩笑，称埃及博物馆真是一种"仓储式"展陈，庭院里面日晒雨淋的某一件雕塑拿到世界上任何一家博物馆都可能是镇馆之宝了。而馆长却说："古埃及人就喜欢这样的摆设，他们的神庙里立满了雕塑，陵墓里每一处可利用的空间不是摆满了东西就是写满了象形文字。博物馆里的文物虽然拥挤，却符合古埃及的审美观。"

这 件 必 须 看

# 图坦卡蒙法老黄金面具

*约公元前 1323 年*

黄金、青金石、绿松石、红玉髓、黑曜石、天河石、彩陶

1922年，英国考古学家霍华德·卡特经历18年考古发掘终于让图坦卡蒙法老的陵墓得见天日。1925年，当发掘团队打开图坦卡蒙墓葬最后一层人形棺之后，见到了层层包裹的木乃伊，上面有一顶盖住图坦卡蒙法老头部、肩膀和胸部的纯金面具，重量超过10千克。黄金面具与真人的面庞大小相称，恰到好处地罩在法老的脸上。法老头上戴着传统的蓝白相间的王巾，在这里用模仿青金石的蓝色玻璃浆和黄金来表现，他的眼睛用石英和黑曜石打造，眼角还涂上了红色，看起来立体逼真。镶嵌着青金石、石英和绿色长石珠的"韦塞赫"宽项链被固定在面具的胸部，外圈的莲花花苞形状的坠饰则是由玻璃浆塑成的。面具顶部并排高高扬起的是涅赫贝特女神（Nekhbet）的秃鹫形象和瓦杰特女神（Wadjet）的直立眼镜蛇形象，它们代表了上埃及和下埃及的统一。面具的背面篆刻着象形文字，是《亡灵书》（Book of the Dead）中关于魔力的咒语，法老们深信这将陪伴和保护自己顺利通过地下的审判而去往"来生"。

# 谁曾拥有它：古埃及新王国时期第十八王朝的法老图坦卡蒙

图坦卡蒙（Tutankhamun）大约出生于公元前 1341 年，是古埃及新王国时期第十八王朝的第 12 位法老，在位时期大约是公元前 1332—前 1323 年。他 9 岁登基，19 岁暴亡，死后匆忙下葬，他的统治也很快被遗忘。但他的确是名门之后，拥有祖上几代君主的王室遗产。图坦卡蒙法老的陵墓巨大而坚固，陪葬着无数寓意护佑和重生的珍宝。他一定想象不到，千百年之后，他真的得到了"永生"，这当然不是指他的真身和灵魂，而是指墓室被发现后，这段 3000 多年前辉煌的埃及文明依旧惠及着后世艺术与人文精髓的发展。

直到 1922 年，图坦卡蒙的墓室才被英国考古学家霍华德·卡特在帝王谷发现。由于墓室入口机缘巧合地"藏"在另一位法老墓室的下面，再加上经多年大雨冲刷被泥土掩盖，反而保护着这座陵墓有风无浪地度过了 3300 多年的光阴，这是迄今为止埃及发现的唯一一座近乎完好的陵墓，也被各方专家评定为有史以来最伟大的考古发现之一。当陵墓中无数的奇珍异宝起底曝光，随即惊艳了全世界。巧合的是，在图坦卡蒙法老的坟墓墙壁上刻着这样一句话，"I have seen yesterday, I know tomorrow."（我看见了昨天，我知道明天），冥冥之中似乎暗示着什么……

# 尼斐鲁普塔公主的
# 韦塞赫宽项链

*古埃及中王国时期第十二王朝*
*（约公元前 1842—前 1794 年）*

黄金、玉髓、长石

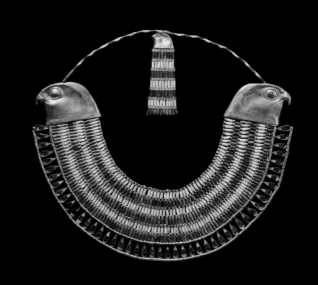

这条"韦塞赫"宽项链制作于古埃及中王国时期，也就是近 4000 年前，它属于阿蒙尼姆赫特三世的女儿尼斐鲁普塔公主。1894 年，法国考古学家雅克·德·摩根在法尤姆绿洲的哈瓦拉发掘阿蒙尼姆赫特三世的金字塔及其附属的"迷宫"时发现了公主的墓室。虽然这件珠宝侥幸没遭受偷盗，但是地基周围水分的渗透也让项链的穿线等有机物腐烂殆尽，考古学家经过很长时间才将它复原。

项链被发现时就作为陪葬品戴在木乃伊的脖颈上，造型华贵、夸张，是由 6 串红玉髓和长石的管珠串成。仔细看，每一排管珠上方都由精致的黄金圈将两种颜色的宝石珠串间隔开来。项链下方还有一排水滴形的坠饰，由 3 种颜色的石料和染色玻璃浆拼镶在黄金框架内。项链两端各有一只怒目圆睁、喙部弯曲，仿佛下一秒就将出击的荷鲁斯鹰头，显示出王室威严震慑的气场。项链后面配有一个饰有同样鹰头的 7 排迷你宝石串珠坠饰，它不止精巧美观，还有让宽项链保持平衡的力学功用。

# 图坦卡蒙圣甲虫
# 手镯

*古埃及新王国时期第十八王朝*
*（公元前 1333—前 1323 年）*

黄金、青金石、红玉髓、
绿松石、玛瑙

这只手镯被发现于图坦卡蒙法老的墓葬宝库里，手镯有被人戴过的痕迹，但尺寸很小，可能是国王小时候的饰物。手镯并不是普通的整圆设计，而是用精密的铰链和固定器连接两个半圆环组成。想象一下，3000 多年前竟然已有如此高精尖的工艺，不禁感叹于古埃及人的智慧和才能。

圣甲虫被认为是日出之神凯布利（Khepri）的象征，寓意永恒再生。而古埃及的青金石主要从阿富汗东北部的巴达赫尚进口，非常来之不易，所以古埃及人将青金石视为极其珍贵的宝石，仅次于金和银。这只手镯以如此完整、大颗的青金石雕刻圣甲虫，足见王室的铺张和奢华。

# 维列特王后手镯

*古埃及中王国时期第十二王朝*
*（公元前 1932—前 1842 年）*

黄金、青金石、绿松石、红玛瑙

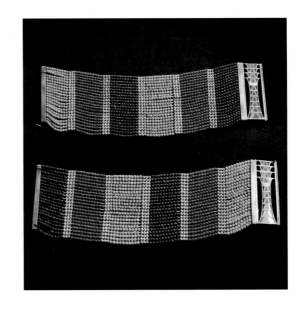

这对串珠手镯是在相当晚的时间（1994 年）才由考古队在代赫舒尔发掘出来的，属于第十二王朝维列特王后珠宝的一部分。它们被藏在壁龛的某处因此逃过了盗墓贼的视线。在这对手镯上整齐地排列着绿松石、红玛瑙、青金石串珠以及黄金珠串，比例和谐而且配色奢美贵气。手镯的搭扣处设计着当时比较常见的象形文字符号节德柱（Djed），意为"稳定"，是一种常用的护身符。要知道对古埃及人来说，每种颜色都有它特定的象征和护身符意义，尤其在陪葬珠宝中，宝石的颜色和材质更有严格的规定，因为它们是具有"魔力"的。红色是血的颜色，暗示精力、活力和力量；绿色是生机之色、复活之色，也是纸莎草的颜色，有兴旺、健康的寓意；蓝色是象征包罗万象、祥和夜空的颜色；黄金代表神的颜色，古埃及很多不朽的形象都是用黄金打造的，《亡灵书》的某些章节甚至明确规定了护身符和陪葬珠宝必须用黄金制作。值得一提的是，这一对手镯出自近4000 年前，每一颗珠子尺寸微小，却被精工磨制得非常圆润、大小均一，如此精细的手工打磨工艺不禁令人叹为观止。

# 图坦卡蒙绿松石手镯

*古埃及新王国时期第十八王朝*
*（公元前 1333—前 1323 年）*

黄金、绿松石

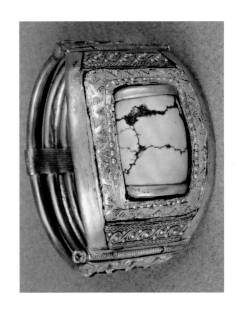

图坦卡蒙的墓葬中使用了大量的黄金，黄金饰品不仅由当权在位的王室贵族佩戴，也成为地位显赫的亡者的殉葬品。古埃及金匠们的技艺越来越纯熟，几乎掌握了已知的所有黄金加工技术，就像这只黄金手镯，除了在绿松石周边摆放着呈三角形图案的小金珠颗粒以外，两端还有呈漩涡状缠绕造型的金丝装饰，仿如恒星在绽放光芒。这些图案被极其轻巧地固定在黄金手镯的表面，工匠娴熟地运用着掐丝和造粒工艺，甚至很难找到焊接的痕迹，仿佛神来之作。手镯中间部位镶嵌着一整块大颗的绿松石，它象征着天空，或许还象征着代表爱情的哈索尔（Hathor）女神。在当时，绿松石主要依赖进口，大部分来自古埃及东北边的西奈山的矿藏。

# 图坦卡蒙华丽胸饰

*古埃及新王国时期第十八王朝*
*（公元前 1333—前 1323 年）*

黄金、青金石、绿松石、黑曜石、
红玉髓、玛瑙

这件奢华的胸饰同样出自帝王谷图坦卡蒙墓，方寸之间呈现出一幕生动的故事画面。左侧是太阳
神拉（Ra）的女儿狮头女神塞赫麦特（Sekhmet），她也是战争女神和医药女神。右侧是古埃及
的创造神和工匠的守护神普塔（Ptah），他"按自己内心的设计创造了世界"。而中间则是身着
全套法老王服的图坦卡蒙。他们三人好像在热烈地交谈，古埃及君王希望也相信他们三位能与神
灵直接对话，他们的祈祷也必会得到回应。

胸饰的设计和工艺极其细腻复杂，在厚重的黄金框架中，青金石、绿松石、黑曜石、红玉髓、玛
瑙等颜色丰富的彩色宝石汇集一堂，在工匠的巧手中宛如一幅画作。三个人物的动作设计不一，
工匠用宝石在窄小狭长的黄金架构间自如地构建和体现出手臂的挥舞，而三个人物的面庞刻画更
凸显了雕刻工匠手工精雕的稳健功力。

# 06 绿穹珍宝馆

The Green Vault

## "强力王"的巴洛克艺术梦

在这儿：德国德累斯顿

图片 /David Brandt, 2013

2019 年 11 月，一则新闻在珠宝圈引发轰动，德国德累斯顿绿穹珍宝馆被盗，价值 70 亿元人民币的钻石珠宝不翼而飞，让这家原本低调的博物馆引发全球关注。所幸，镇馆之宝"德累斯顿绿钻"因出借参展躲过一劫，还有那些大型的艺术馆藏，盗贼扛不动也不好出手，全球的"粉丝"可算松了口气。

这里曾经是"强力王"奥古斯特二世传承王室的私人收藏中心。无论是建筑、内饰还是一众藏品，都映射出当年"强力王"孜孜追求巴洛克艺术的梦想，在 18 世纪初期蔚为壮观。

易北河畔的德累斯顿是德国历史上具有特殊地位的城市。作为萨克森选帝侯的都城所在地，德累斯顿汇集了欧洲乃至世界各地的珍贵艺术品，因此也被人们称为"易北河畔的佛罗伦萨"。

1723 年建成的绿穹珍宝馆（The Green Vault），是全球最古老的大型博物馆之一，位于德累斯顿王宫建筑群之中。绿穹珍宝馆是典型的巴洛克式建筑，因其绿色的拱顶而得名，进入老城区一眼就能认出。绿色不仅出现在屋顶及角楼上，还广泛点缀于外墙、廊柱、浮雕和内饰中。

现今的绿穹珍宝馆共有两个楼层：楼下被称作旧馆或历史藏品馆（Historic Green Vault），穿过门厅之后有 9 个独立的主题展厅，包括琥珀、象牙、银器、鎏金银器、珍稀器物、纹章、珠宝、青铜和文艺复兴铜雕，总藏品有 3000 多件；楼上是新馆（New Green Vault），展区的格局和旧馆相同，陈列品大多为王室收藏的稀有珍宝，总量也有 1000 多件。

作为欧洲乃至全球最大的珍宝馆之一，绿穹珍宝馆中藏品极为广泛，从传统珍稀物料的珠宝饰品、器物，到各个时代艺术大师参与制作的手工品，无所不包。其中赢得参观者最多赞赏的镇馆之宝有三件。

其一，大莫卧儿的君主奥朗则布。完全用各种贵金属和珍奇宝石打造出的微缩模型场景生动地反映了传奇的莫卧儿王举办生日庆典的奢华场面。令人赞不绝口的惊世之作出自德累斯顿著名金匠、珠宝艺人约翰·梅尔基奥·丁林格（Johann Melchior Dinglinger）工坊，参与制作的包括其家族同仁以及他名下的诸多工艺大师，总制作时长超过 7 年，这也使得奥古斯特二世能连续多年分期拨款为其支付巨额费用。

其二，德累斯顿绿钻。这是一颗重达 40.7 克拉的高净度天然绿色钻石，据传其原产地为印度，确切的记载显示 1722 年它在伦敦完成切割，而当时其原石总重达到了 119.5 克拉。1741 年萨克森选帝侯奥古斯特三世从一名荷兰钻石商人手中以建造圣母大教堂 1.5 倍的价格买下钻石，并委托世袭宫廷珠宝匠约翰·弗里德里希·丁林格（Johann Friedrich Dinglinger）将这颗珍稀的绿色钻石镶嵌在象征英勇和王权的金羊毛勋章上。1763 年，奥古斯特三世和他的儿子相继去世，13 岁的弗里德里希·奥古斯特（Friedrich August）继任后在 1769 年把它改造成一组珠宝帽饰，用 19.3 克拉和 6.3 克拉的两颗大粒钻石和 411 颗较小的钻石，以众星捧月之势衬托德累斯顿绿钻的罕见和高贵。

其三，黄金咖啡器具。同样出自德累斯顿传奇宫廷金匠丁林格家族，这套以珍贵木料、黄金、白银、象牙、珐琅、宝石制成的咖啡器具以震撼的"城堡形"托架呈现，每件器物的每一个展示面都密布手绘装饰图案，每一道边缘都经过鎏金点缀。全套作品从 1697 年开始着手打造，至 1701 年方才完工，是融合了萨克森黄金珠宝工艺、珐琅雕刻工艺的集大成之作。

绿穹珍宝馆隶属于德国德累斯顿国家艺术收藏馆，其中的每一件藏品都是代表萨克森文化和艺术的珍品，很多展品还带有特殊的历史痕迹和故事。

# 大莫卧儿的君主 奥朗则布

*1701—1708 年*

木、黄金、银、部分镀金、珐琅、珍珠、漆画、宝石

这件出自 18 世纪初期的作品简直就是一件庞大、华丽、精密的装置艺术大作，它的宽度足足有 142 厘米，高度 58 厘米，进深达到 114 厘米，承托它的桌子的宽度竟然都接近 1.5 米。"大莫卧儿的君主奥朗则布"（the Throne of the Mughal Emperor Aureng-Zeb）足够担得起绿穹珍宝馆"镇馆之宝"的威名。它就像一本活灵活现的立体剧集，栩栩如生地展现了印度大莫卧儿君主奥朗则布的生日庆典场景，各国使臣骑着大象、骆驼，乘着奢华的轿子，恭恭敬敬地向皇帝献上贺礼。

它通体镶嵌了 5223 颗钻石、189 颗红宝石、175 颗祖母绿、53 颗天然珍珠、2 块卡梅奥浮雕和 1 颗蓝宝石（至今缺失了 391 颗宝石和珍珠），还运用镀金工艺和珐琅工艺制作了 137 个人物，而且所有的人物和物件都可以活动，也就是说可以随意拼出无数变化的场景，称得上是奢华珠宝的巅峰之作！

不可想象在距今 300 多年前，这件大型作品动用了无数顶尖的金银匠、珐琅师和雕刻师，耗费了"丁林格团队"将近 7 年的时间，所用的人力、物力、精力简直无法用金钱来估量。

片/Jürgen Karpinski

摄影 / Karpinski

# 谁曾拥有它："强力王"奥古斯特二世

奥古斯特二世因为强壮的体格被戏称为"强力王"。

除了追求王位和权势，奥古斯特二世还格外热衷大兴土木和赞助艺术，他相信人的生命有限，但宏伟的建筑和精致独特的艺术品一定能让自己的英名不朽。有品位又好热闹的奥古斯特二世常精心策划富丽堂皇的派对，有时甚至持续好几个月。这些奢侈的庆祝活动需要动用萨克森所有艺术家、优秀的工匠和顶尖的工坊齐力成事，所以自然而然也促进了当地贸易和手工业的迅猛发展。

宫廷珠宝师约翰·梅尔基奥·丁林格 (Johann Melchior Dinglinger) 深深了解国王的喜好和野心。1701 年，他和家族的兄弟还有众多工匠助手一起，花了将近 7 年时间创作了"大莫卧儿的君主奥朗则布"，并隆重献给了国王。他也存了一份私心，雄心勃勃地想打造一件自己标志性的作品。

奥古斯特二世将德累斯顿变成了一个重要的艺术文化中心，积累了令人惊叹的艺术藏品，还在德累斯顿和华沙建造了无比奢华的巴洛克宫殿……他的名字在他兴建的宫殿里，在每一颗宝石的光芒中永存。

# 达芙妮珊瑚高脚杯

*1580—1586 年*

银、镀金、珊瑚

这件出自 16 世纪的作品造型乍一看有些奇特，但其实它不只是一座雕塑，还是一只有故事的高脚杯，它的高度将近 65 厘米，重达 2347 克。女神的上下半身可以分开，腰线之下就是一只高脚杯了。

它是一尊从创意和艺术方面都很有讲究的金匠大作。作品表现的是古罗马诗人奥维德（Ovid）笔下的希腊女神达芙妮（Daphne），当淘气的小丘比特被阿波罗神训斥后，无辜受牵连被报复的却是达芙妮。丘比特把金子做的利箭射向阿波罗，让他燃起恋爱的热情，把铅做的钝箭射向达芙妮，让她非常讨厌爱情。当阿波罗深深地爱上达芙妮，女神却宁愿把自己变成一株月桂树，也不愿接受阿波罗的狂热追求。于是她的秀发、手指变成了树枝和树叶，在风中挥舞。阿波罗非常长情，他把月桂枝做成桂冠戴在头上，作为永久的爱情记忆。

听完这个故事，是否感觉银匠亚伯拉罕·雅姆尼策（Abraham Jamnitzer）的这件作品更加鲜活了呢？其实这尊"达芙妮"是复刻了他父亲——纽伦堡（Nuremberg）大金匠文策尔·雅姆尼策（Wenzel Jamnitzer）创作的雕像，很多雕刻的细节都借鉴了他父亲工作室里保存的模具，尤其是银镀金的女神主体，无论是姿势还是裙装的细节装饰基本上都是一模一样。然而，演绎月桂枝的有机宝石珊瑚则不可能完全一致。我更欣赏亚伯拉罕·雅姆尼策的作品，他选用的珊瑚枝丫更具动感，栩栩如生，仿佛定格了阿波罗冲向达芙妮女神时，那惊诧、凄美的瞬间。

# 希腊神话水晶舰船

*16 世纪晚期*

水晶、黄金、珐琅、红宝石、祖母绿

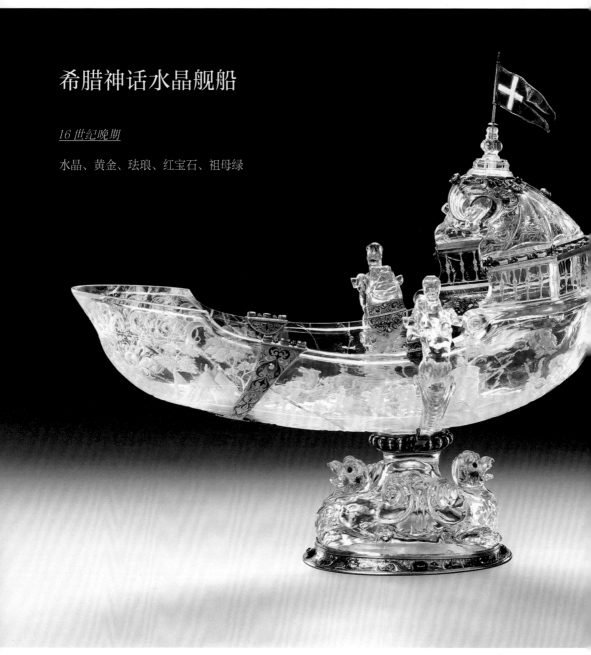

图片 /Jürgen Karpinsk

1725 年，绿穹珍宝馆在贵重物品清单中选出了 7 个大型水晶艺术藏品，其中最宏伟的几个都出自萨拉奇（Saracchi）工坊，可见来自米兰的萨拉奇三兄弟那时拥有多么高的赞誉和地位。

这艘融合了多种水晶雕刻工艺的舰船艺术品高 36.9 厘米，上面不仅镶嵌了珍贵的红宝石和祖母绿，还有细腻的黄金彩绘珐琅工艺点缀其间。工艺难度的制高点则要看船身的两面，宽 43.8 厘米、进深 26.8 厘米，并不宽裕的空间中，竟然雕刻了 3 个希腊神话中的场景。萨拉奇工坊的资深工匠们浅雕轻绘，用刻刀下晶莹剔透的水晶和磨砂质感的刃面描绘出了一幅幅栩栩如生的希腊神话故事。

仔细端详，可以看出那个举着宝剑和蛇发女妖盾牌的一定是宙斯之子珀尔修斯（Perseus），他正从贪婪的海怪手中拯救被锁在岩石上的安德洛美达（Andromeda）公主；还可以看到那头公牛实际是宙斯的化身，他背着国王的女儿欧罗巴，要把她绑到克里特岛（Crete）；另一边，海伦王后被特洛伊王子帕里斯和他的同伴绑架，一起乘船回到特洛伊。

工艺如此复杂的艺术品一定是多位艺术家通力合作的成果，而萨拉奇三兄弟各有专长。作坊里的老手先粗略地把最难磨的原晶为大师傅准备好，乔瓦尼·安杰文（Giovanni Ambrogio）和斯特凡诺（Stefano）负责切割各种形状的容器以及相关的装饰配件。西蒙尼·沙诺可（Simone Saracco）专攻在不同形状的容器壁上具象地凹雕各种装饰图案，还有彩色珐琅和珠宝黄金镶嵌这些精彩的点睛工艺。

# 圣乔治屠龙项坠

*1590 年*

黄金、珐琅、钻石、红宝石、
祖母绿、珍珠

圣乔治屠龙的故事源自古老的希腊神话。恶龙时常骚扰城堡，刚开始索要贡品和牲畜，后来变本加厉要求献上活人为祭。当国王的女儿被指定为下一个祭祀品的时候，上帝的骑士圣乔治突然出现，把恶龙铲除，救下了公主。这个故事千百年来在西亚和欧洲各国以各种版本流传着。这个题材在文艺复兴时期也出现在各种艺术形式中：绘画、雕塑、钱币，珠宝也不例外。这枚圣乔治屠龙项坠是为庆祝宗教节日濯足节（Maundy Thursday）而送给选帝侯夫人索菲亚皇后（Sophia）的小礼物。

项坠的色彩华丽丰富，白马和青龙运用了精细、鲜艳的珐琅彩工艺，还变化镶嵌了各种老式切割的钻石和祖母绿宝石，尤其两颗随形的红宝石切形饱满、颜色浓艳。更为难得的是，项坠还镶嵌了 7 颗皮光和色泽都极为罕见的珍珠。整枚项坠工艺精湛，平衡对称中又隐藏着不对称的审美变化。画面真实而立体，是很典型的"新式三维珠宝"，人物的勇猛、动物的肌肉结构都刻画得细致入微，如同一件迷你的雕塑。

# 象牙雕刻护卫舰

*1620 年*

象牙、黄金、铁、钢

就在象牙雕刻工匠雅各布·泽勒（Jacob Zeller）去世前几个月，他终于完成了这艘宏伟的象牙护卫舰大作。即使你不在绿穹展馆的现场也能感受到整件作品带来的震撼，116.7 厘米高、178.5 厘米宽，全部用象牙精雕而成，天然象牙历经数百年散发出柔软又坚韧的光泽，强大的气场扑面而来。

力大无比的海神用肌肉迸发的双臂托举起这艘宏伟壮阔的国家护卫舰，与命运女神福尔图娜（Fortuna）很像，他也是以全身"较劲"的姿势平衡在一个有翼的球上，而球被贝壳托着，贝壳在惊马的背上。各个神、兽无不全力奋起，表情惊慌紧张，作品中的众多细节都体现着神、兽深陷海洋，顽强迎接暴风雨的瞬间，隐喻着对当权统治者跌宕命运的揣摩。

这也是绿穹珍宝馆收藏的雅各布·泽勒（Jacob Zeller）作品中惊艳绝伦的代表，护卫舰的船板上密密麻麻地雕刻着历任萨克森王子的名字，从哈德里奇（Harderich）开始，到当时在位的约翰·乔治一世，意义非凡。迷你的象牙水手活灵活现地在金丝绳索上攀爬，仔细端详甚至还能发现黄金制成的大炮、铁链、钉子和船锚。更令人惊叹的是一片片饱满的船帆在艺术上和技术上都达到了无人企及的工艺高度，羊皮纸一样薄的白帆像是真的被风鼓吹了起来，难以想象这竟是用象牙雕刻出来的效果。

图片 /Jürgen Karpinski

# 40.7 克拉德累斯顿绿钻

*1769 年*

钻石、金、银

"德累斯顿绿钻"重达 40.7 克拉，不仅尺寸巨大，颜色也是天然的、明亮的苹果绿色，极其珍罕。接近于杏仁形状的古老切割，散发着华贵又高雅的皇家气质。1741 年，萨克森选帝侯和波兰国王奥古斯特三世从荷兰钻石经销商德勒斯（Delles）手里以 40 万泰勒尔（Thalers）的高价将其收购。40 万泰勒尔的高价是什么概念呢？据说大约在同一时间建造德累斯顿奢华的圣母教堂也只花费了 28.8 万泰勒尔。

一开始，奥古斯特三世请宫廷珠宝商约翰·弗里德里希·丁林格（Johann Friedrich Dinglinger）将这颗新的"传家宝"镶嵌在金羊毛勋章上。1746 年初，另一位珠宝商让·雅克·帕拉德（Jean Jacques Pallard）把它改造成了更加华丽的作品，奥古斯特三世很是风光。1763 年，奥古斯特三世和他的儿子相继去世，13 岁的弗里德里希·奥古斯特（Friedrich August）成为继承人，急需一套能代表地位和权力的珠宝。但作为新的选帝侯他又没有被金羊毛骑士团接受，只能让珠宝商弗兰兹·迈克尔·迪斯帕奇（Franz Michael Diespach）把现有的这套珠宝和其他一些作品拆解再组合。1769 年，这件珠宝帽饰被隆重地打造出来，将洛可可风格与早期古典主义的设计语言相结合，还特别融入了传统宗教珠宝的美学元素，银镶嵌两颗 19.3 克拉和 6.3 克拉的圆形明亮切割的钻石，以及 411 颗大大小小的钻石，一起烘托着不可小觑的主角——那颗黄金镶嵌的"德累斯顿绿钻"。

摄影 /Carlo Boettger

# 鹭鸶钻石帽饰

*1782—1807 年*

钻石、银

17 世纪后期，三角帽开始在欧洲兴起并传到法国，引领时尚的路易十四国王立马让三角帽成为王宫的"时髦单品"。

王室贵族的三角帽多会用海狸皮制作，颜色一般都是黑、灰、褐色，帽檐也比平民的更加宽大和华丽，这么醒目的位置当然少不了各种装饰。那时羽毛饰品一度很流行，王室成员会选用珍稀的非洲进口鸵鸟毛，但再豪华的羽毛也无法与这枚镶嵌了 299 颗钻石的璀璨羽毛争锋。这枚帽饰将近 15 厘米高，宫廷珠宝师奥古斯特·戈特利尔夫·格勒宾（August Gotthelf Globig）的设计灵感源自天然的鹭鸶羽毛，也参考了文艺复兴晚期的传统帽饰。一枚精巧的蝴蝶结上延展出 9 根修长的"龙骨"，钻石由大到小依次镶嵌。为保持平衡和稳定，"龙骨"还有横向的"钻石线"起到固定作用，而且也方便工匠把它结实地缝在帽檐上。观察帽饰背面的工艺，还可以看到那里装有不易发现的小弹簧，工艺非常复杂，国王走动起来想必会微微颤动，更加光芒四射。

图片 /Jürgen Karpinski

奥格斯堡城
球钟

*1600* 年

镀金、银、铜、铁、
钢、木、皮、水晶

这座高达 1.12 米的八角形塔楼"建筑"竟然是一座巨型球钟，是结合了音乐功能和自动人偶装置的复杂机械。

在整点报时的一分钟内，一个岩石水晶球会绕着塔形时钟转 16 圈，另一个球体则在表壳内被升起来。这一流程完成后，指针前进，土星的小锤子会去敲击挂钟。仔细观察你会发现，其他指派给行星的神像们和下层阳台上的"吹奏者"都不只是装饰物，他们的所有动作都与时钟直接相关，而刻在阳台地板上的万年历也是可移动的，与走时相连。

除了这些精密的机械技术特点，这座神奇独特的座钟还是一件不折不扣的艺术品，上面有众多立体雕刻的、形态各异的群像，塔楼上装饰着一系列想象中的从古代到中世纪的皇帝肖像，滚动的球仿佛清晰地见证了时间的流逝。

这件独一无二的计时装置艺术品是克里斯蒂安二世讨好王后海德薇（Hedwig）公主的礼物。1611 年国王去世，他的妻子一直珍藏着这份特殊的爱礼。

当年大名鼎鼎的机械师、制表师汉斯·施洛特海姆（Hans Schlottheim）一手打造了这座球钟，他不仅极具创新精神，还有极高的艺术修为。汉斯·施洛特海姆在 1585 至 1590 年制作的 3 艘船形计时装置也闻名于世，令他名声大噪，如今你也可以在巴黎北部的埃库恩城堡（Château d'Écouen）、维也纳的艺术史博物馆（Kunsthistorisches Museum in Vienna）和伦敦的大英博物馆（British Museum）中看到他的更多作品。

# 蓝宝石套装搭扣

*1710 年*

蓝宝石、钻石、黄金、银

图片 /Jürgen Karpinski

"强力王"奥古斯特二世年轻时，多次到法国和意大利去旅行。回国继承王位拥有大权后，他开始实施自己的一个个"小梦想"。这套蓝宝石、钻石珠宝套装便是一大套珠宝中的一部分。当时国王出征打仗的戎装也要珠光宝气，佩剑会系在一条宽厚的肩带上，因此胸前的斜肩带不但有实用固定的功能，还起到装饰作用，以显示国王的权威和品位。

这套巴洛克风格的华丽饰物同样出自宫廷珠宝师丁林格工坊，上面镶嵌的蓝宝石无论是大小还是切工都很一致，包镶和爪镶工艺的结合，更保证了宝石的安全和稳固，即使国王在战场上挥舞佩剑，也不会意外掉落。在那个年代，能找到如此大颗的天然蓝宝石也实属不易，想要对称铺镶更是难上加难。经过丁林格和国王对设计和搭配方案的反复研究，最终呈现出既对称又有细微不同的绝佳效果：用黄金来固定大颗的蓝宝石，用银质来镶嵌小颗的钻石。总之，点点滴滴的细节处理让整套珠宝装饰更有风格，粗犷中又不乏细腻。

# 07 维多利亚和阿尔伯特博物馆

Victoria and Albert Museum

## 大不列颠藏宝地

在这儿：英国伦敦

© Victoria and Albert Museum, London

从著名的哈罗德百货公司出来，匆匆经过骑士桥和海德公园，步行大约 10 分钟后，维多利亚和阿尔伯特博物馆（V&A 博物馆）就出现在了我的面前，映入眼帘的是典型维多利亚风格的高高的门庭。这就是那个薇薇安·韦斯特伍德（Vivienne Westwood）年轻时无数次膜拜学习的地方吗？一个极端叛逆的设计师竟然能在收藏传统古董的博物馆中得到灵感，这正是 V&A 博物馆自创立延续至今的旨意和精髓。

亨利·科尔（Henry Cole）一定想不到，他 1851 年的梦想不仅得以实现，还被忠实地承继至今。V&A 博物馆的历史可追溯到 1837 年，当时的英国政府在伦敦成立了一个设计学院，最初学校只有一批数量不多的教学收藏品。1851 年万国工业博览会的成功举办让这个小博物馆变得雄心勃勃。博览会结束后，设计学院的小博物馆更名为工艺品博物馆。作为博览会组织者之一的亨利·科尔则成为第一任馆长，并开始扩大收藏。当年亨利·科尔的梦想是对设计者、制造者和大众进行教育，让他们懂得优秀设计的原则和理念。1899 年，维多利亚女王为博物馆的侧厅举行奠基礼时，将博物馆正式更名为 V&A，以纪念她的丈夫阿尔伯特亲王，所以它的全名是 Victoria and Albert Museum。

如果你觉得 V&A 博物馆与大英博物馆如出一辙，那你就错了！与大英博物馆最大的不同之处就是，V&A 博物馆并不刻意强调藏品的年代，更多的是注重藏品的设计感和工艺水准。这些藏品的设计带来的是一种真真切切的感受，代表着文明进步带来的喜悦与满足。对于设计师而言，V&A 博物馆就是一座让人流连忘返的天堂。

走过将近两个世纪，V&A 博物馆已经成为世界领先的艺术和设计博物馆。雕塑、建筑、珠宝、纺织品、工艺品、摆设、时装、家具、绘画……500 多万件包罗万象的藏品来自世界各地，陈列在这幢壮丽的 19 世纪建筑中供人们免费欣赏。对热爱珠宝的人来说，博物馆 2008 年新开设的威廉与朱迪斯珠宝长廊一定会让人驻足不愿离去，从 7 世纪至今的 3500 多件华丽珠宝典藏璀璨夺目。从伟大的黄金凯尔特人胸甲，到中世纪的示爱指环；从古代珐琅工艺的手表，到现代丙烯酸和钛质的首饰；从卡地亚到法贝热……近 200 年来，V&A 博物馆一贯的宗旨就是要为世界带来灵感。当你徜徉在 4000 多年来人类创意的汇集之地，总会有被灵感击中的那一刹那。因为珠宝廊里禁止拍摄，所以你会看到很多设计师正手持铅笔和素描本，专注地进行临摹，试图从眼前的作品中汲取灵感。

在 V&A 博物馆的咖啡馆小憩片刻，一口芝士蛋糕的醇厚滋味瞬间征服了我的味蕾。伴随这份美味的不是手边的咖啡，而是那弥漫在这座百余年博物馆里的历史的醇香。

# 伊丽莎白女王的赠礼

*1595 年*

黄金、珐琅

这枚精美绝伦、含义丰富的项坠是女王伊丽莎白一世（Elizabeth I）送给托马斯·赫内基爵士（Sir Thomas Heneage）的礼物，赫内基爵士是女王的最资深的高级顾问和官员之一。这枚项坠被赫内基家族珍存了近四个世纪，一直被奉为至宝。

项坠正面是女王伊丽莎白一世的黄金半身像，雕刻极尽精细生动，威严立现。虽然这幅肖像画于1595年前后，那时女王已经年逾六十，但是画像上的她仍以年轻面貌出现。背面则是用珐琅绘制的景象：一艘大船平稳地行驶在波涛汹涌、电闪雷鸣的海上。这象征着在伊丽莎白女王的统领下，宗教和政治在混乱中稳稳前行。

打开项坠，一幅女王画像藏于其中。画像由女王治下最伟大的画家尼古拉斯·希利亚德（Nicholas Hilliard）绘制，女王神情温婉平和，服饰隆重，珠光宝气。玄机不止于此，项坠盖子朝内一面绘着一朵由荆棘烘托的玫瑰，玫瑰是都铎王朝的传统纹章。

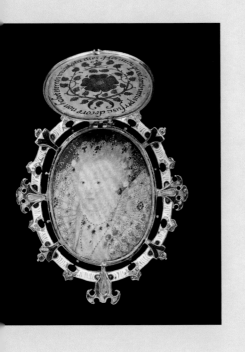

# 谁曾拥有它：女王伊丽莎白一世

伊丽莎白一世是都铎王朝的最后一位君主，其统治时期被称为英国的"黄金时代"。这枚雕刻了伊丽莎白女王半身像的精美项坠是女王送给王室顾问赫内基爵士的礼物。伊丽莎白一世当政时期，英格兰顺利度过了宗教改革的混乱时期，经济、文化发展迅速。这些变化与发展和女王身边精于政治、给予辅佐的赫内基爵士不无关系。把这么绝妙精致的珠宝送给一位内政顾问也令人不禁猜测两人之间是否有些暧昧。

女王虽然终身未婚，但这并不影响她对珠宝、服饰的无限热爱。她热爱黄金、珍珠、钻石、珐琅，最喜欢把珠宝隆重地戴满全身，甚至别在高高的盘发之上。她还特别喜欢把自己的肖像雕刻成珠宝，正面或侧面应有尽有，尤其侧面半身像，更是用金雕、贝雕等多种形式呈现。

# 金雕护佑项圈

*公元前 800—前 700 年*

黄金

在远古，除了装饰，珠宝被用于辟邪以及显示身份位级的意义更为重要。这件出自爱尔兰公元前800—前700年后铜器时代的黄金雕刻项圈，被推测是在重要仪式上专门使用的珠宝。珍贵又稀罕的黄金被铺张大量地运用，几千年前这样的黄金工艺可称得上很有挑战性了，金属的浮雕技艺变化多样，装饰性更强。马蹄铁造型有着护佑的深刻寓意。

# 俄国皇室蝴蝶结胸针

*1760 年*

银、钻石

这套蝴蝶结胸针一共 3 枚，银质且镶嵌美钻，出自 18 世纪的俄国。最大的被戴在宫廷礼服的胸前，小的被别在两边肩上。从 17 世纪中叶开始，时装的变革引出了新的时尚，当深色的织物需要精致的黄金首饰作为点缀时，更为清淡柔和的织物就需要雅致的宝石和珍珠来搭配。不断扩大的全球贸易使得宝石更易获得。最令人印象深刻的珠宝往往是胸部或紧身胸衣上的大型装饰品，这些装饰品都必须固定或者缝到笔挺的礼服面料上。蝴蝶结和植物等女性韵味突出的图案则特别受欢迎。

# 用发丝铭记情感的项坠

*1796 年*

黄金、水晶、钻石、珍珠、头发

你可能很难想象，头发在 18 世纪时被认为是情感珠宝非常重要的表现形式。把头发珍存在珠宝中，有的为了祝福生者，有的为了纪念逝者，还有的为了纪念爱和友谊。头发被别出心裁地借以各种复杂的设计呈现在项坠等珠宝中，甚至微细的碎发都能成为微绘画的一部分。在这枚项坠的水晶框架中，外圈是被编成麦穗状的发辫，中间那一小绺头发还被一圈钻石束住，真是点睛之笔。项坠背面有铭文指明，它为纪念逝世于 1796 年的 74 岁的建筑师威廉·钱伯斯（William Chambers）先生而制作。

# 维多利亚女王定制冠冕

*1840 年*

黄金、银、蓝宝石、钻石

图片 / 视觉中国

这顶蓝宝石钻石冠冕看似没有那么奢华隆重，但它是由阿尔伯特亲王亲自为维多利亚女王设计的，1840 年在他们最有意义的大婚那年送给女王的特别爱礼，女王自然对它也是珍爱有加。

冠冕总共镶嵌了 11 颗枕形和风筝形切割蓝宝石，还点缀着明亮形老矿切割钻石，大颗的蓝宝石用金镶嵌，钻石则用银镶嵌。据说大部分宝石是英国国王威廉四世和阿德莱德女王赠予的，冠冕专门找英国珠宝商约瑟夫·基钦（Joseph Kitching）定制。冠冕的灵感来自阿尔伯特亲王萨克森（Saxon）公国的盾徽，异形切割的宝石，还有蜿蜒的植物，很多小细节融入到冠冕的设计中。

那这顶冠冕是怎么来到 V&A 博物馆的呢？据说当年女王去世后，它一直由英国王室收藏。1922年，乔治五世和玛丽王后把它送给女儿玛丽公主作嫁妆，不幸的是后来它就流落到异国他乡了。直到几年前，这顶冠冕机缘巧合地又回到了英国，收回宝贝的英国政府甚至马上为它下达了出口禁令。2017 年，美国威廉·柏林杰（William Bollinger）家族买下这顶冠冕，无偿赠予 V&A博物馆。

# 宝诗龙东方风格
# 手链

*1875 年*

黄金、珐琅、珍珠、钻石

和宝诗龙（Boucheron）的创始人弗雷德里克·宝诗龙（Frédéric Boucheron）热爱东方灵感不无关系，这条手链从材质到设计都散发着浓厚的异域色彩。手链最精彩的部分就在于其精妙的工艺，在雕刻的黄金网之上运用半透和镂空技法可是当年宝诗龙旗下匠技大师查尔斯·里福（Charles Riffault）的专利珐琅工艺，与珍珠的搭配和谐呼应，风情万种。

19世纪，欧洲王室贵族对遥远神秘的东方饶有兴致。直到今天，这份神秘感依然存在，人们对那些融合了东方风情和细节的珠宝仍然没有抵抗力。珐琅彩绘、金雕、宝石雕刻还是人们趋之若鹜、为之疯狂的珠宝工艺。

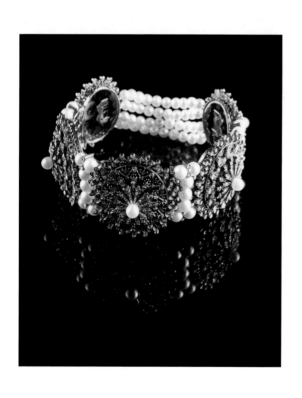

# 尚美巴黎祖母绿
# 钻石套链

*1806 年制作，1820 年修改*

黄金、银、钻石、祖母绿

这套奢美又珍贵的祖母绿镶钻项链及耳环套装是拿破仑一世和约瑟芬皇后送给养女，也就是约瑟芬皇后的侄女斯蒂芬妮·德·博阿尔内（Stephanie de Beauharnais）的结婚礼物。拿破仑一世为了巩固他在欧洲的政治地位，决定将养女许配给德国国王查理二世（Charles Ⅱ）。这场婚姻的目的是巩固和邻国的稳定关系，所以这套珠宝必是一份贵重的大礼。项链由两排交替排列的小颗钻石与祖母绿组成，8 颗大粒祖母绿均匀分布在项链上，每颗祖母绿都被一圈钻石包围并搭配另一颗祖母绿水滴形吊坠。据推测，它由拿破仑一世的皇室御用珠宝商尼铎父子制作。设计非常女性化，体现出典型的拿破仑时期宫廷样式、奢华不菲的帝政风情。它忠实演绎了尚美巴黎（Chaumet）皇家珠宝的经典风格。

# 新艺术兰花头饰

*1905—1907 年*

黄金、珐琅、钻石、红宝石

这枚头饰在 1905—1907 年由比利时珠宝设计师菲利浦·沃尔弗斯（Philippe Wolfers）打造，高度约 7.6 厘米，用珠宝写实地诠释了大自然中的兰花主题，表现出新艺术运动时期奇幻与创新的珠宝风格。新艺术派的艺术家强烈反对由工业革命引发的新兴机械化对纯手工技艺的冲击。他们极少选用硕大而昂贵的宝石，认为珐琅工艺，尤其是透光珐琅（plique à jour）工艺，更能体现手工艺的独特性和艺术性。

这枚兰花头饰的透光珐琅尤为不同，珐琅的颜色依照兰花自然的渐变藕紫色而调配，透与不透也完全看设计师个性化的手法。最独特的是上面狭长花瓣的珐琅竟然烧制出了点点霜晶，闪烁着宝石般的幻彩光芒。所以，这朵兰花注定是新艺术运动短暂的历史中独一无二、无可替代的存在！

# 建筑灵感钻石冠冕

## 1903 年

黄金、银、钻石、玻璃

这件著名的冠冕在 V&A 博物馆永久展示。心形与 C 形的流畅线条、精致的镶钻工艺，是卡地亚设计师从 18 世纪铁艺和建筑装饰中汲取的灵感。此冠冕是曼彻斯特一位公爵夫人的定制珠宝。珠宝商卡地亚的记录显示，公爵夫人当时提供了上千颗圆形钻石以及 400 多颗玫瑰切割钻石，不足的则由卡地亚补充。1876 年公爵夫人嫁给公爵时，整个贵族社会都为她的美貌、机智与活泼所倾倒，但后来其家族败落，这顶冠冕被交给英国政府用以抵税。红尘中沧桑沉浮，而珠宝的光芒永驻。

# 装饰艺术花篮胸针

*1930 年*

水晶、铂金、月光石、钻石

这枚钻石水晶花篮胸针上满溢花朵的花篮，明显深受东方风情和对称设计风格的影响。这恰恰是 20 世纪初期装饰艺术风格珠宝的典型特点。花篮上下边缘镶嵌的矩形切割钻石也突出了装饰艺术风格强调规矩的几何设计的特色。半透明水晶、月光石、钻石协调而完美地搭配在一起，用铂金镶嵌钻石也被卡地亚引领为一股珠宝制作的潮流。

可以说装饰艺术风格火了一个多世纪，直到今天依然不难找到它的影子。原因是它太具有普世的风格，它的简洁对称、它的黑白分明、它的利落几何、它的干练机械、它的埃及元素……跨越百年依旧符合世界珠宝迷的普遍审美。

# 红宝石牡丹胸针

*当代*

钛金属、18K 白金、18K 黄金、雕漆、红宝石、钻石

华人艺术家赵心绮（Cindy Chao）的这枚红宝石牡丹胸针灵感源于自然，用天然的珍贵宝石把一朵盛放的娇艳绯红牡丹花定格为永恒，永开不败。牡丹在中国传统中象征好运、吉祥，如今它在 V&A 博物馆的珠宝长廊，和其他西方历史上标志性的珠宝藏品共展一堂，别有一番独特的风采和韵味。

红宝石牡丹胸针采用了脱蜡铸造与仿蜡锻造结合的工艺。花瓣所有的转折、起伏、弧度与线条都在蜡雕中确定、成形。以蜡雕为始再到金属雕件，这些决定作品样貌的"硬"环节，经过赵心绮与法国资深工艺师一丝不苟地反复沟通、修正、调整，甚至推翻重做，前前后后耗时 10 年之久。

牡丹胸针的绯红光泽来自切工各异、大大小小共计 2485 颗、总重达 228.62 克拉的红宝石。它们看似随意铺放，实则无不遵从着赵心绮的艺术直觉，起伏的镶嵌工法，让每一片花瓣质感真实、活灵活现。你一定好奇牡丹花瓣的"勾边"金属为什么是紫红色的，其实那是高超的工艺师运用了特殊的阳极氧化手法，用电压控制颜色的细微变化，差之毫厘、失之千里，无数次的沟通，最终经由工艺师的手表达出了艺术家想要的那份浪漫。

仔细看了博物馆的介绍，668 颗白钻在哪里呢？转过身看到牡丹花的反面，就好想为它鼓掌。颗颗分明的钻石密镶成蜿蜒的小小花萼，像是温柔牡丹背后坚强的支撑，胸针背面的镶口都雕刻成

真实花瓣纹理的蜂窝结构，红宝石的璀璨光芒也未被阻挡，即使足足8.5厘米的大尺寸，也可以十分轻盈灵秀。为了使每个洞口与宝石大小及角度镶嵌得严丝合缝，金属厚度需要用极细的线锯一点点精雕细琢。由于钛金属硬度极高，镶嵌的过程更变得愈发困难，雕洞阶段就要比K金的工艺多花10倍以上的工时。

胸针正面

胸针背面

# 亚当雕塑铜项圈

*近代*

铜

自 20 世纪 70 年代起，活跃的建筑艺术家们认为珠宝是人体上的建筑，也是开创全新设计视角的驱动力。这条名为"亚当"的项链出自荷兰艺术家吉斯·贝克（Gijs Bakker）之手。他将米开朗琪罗在西斯廷教堂天花板上创作的《创世纪》壁画中的亚当形象孤置于铜镀金的圆环边缘。"亚当"当然不是真迹，也没用昂贵的材质，它就是一张层压硬板图片，取自伦敦皇家艺术学院图书馆里的一本书。充满现代气息的项圈简洁有力，而亚当则复刻了文艺复兴时期的标志形象，借此表达了吉斯眼中力量与美感的完美结合。自 20 世纪 60 年代末以来，吉斯在当代珠宝领域的影响巨大。这条项圈是伦敦皇家艺术学院访问艺术家收藏系列作品之一。自 2007 年起，这些作品被永久地收藏到 V&A 博物馆。

# 08 希腊国家考古博物馆

National Archaeological Museum

## 欧洲文化发源地的传奇宝贝

在这儿：希腊雅典

想要了解最古老、最完整的希腊珠宝史，怎能错过希腊国家考古博物馆（National Archaeological Museum）呢？还有什么能比站在希腊的心脏——雅典，看着琳琅满目的古陶器、雕塑和珠宝更让人憧憬这个欧洲文化的发源地呢？希腊国家考古博物馆专为古希腊文明而设，包括史前文明至晚古时期。它拥有全世界最丰富的希腊文物收藏，是希腊第一大博物馆。

博物馆已有近 130 年历史，前身被用于保护在雅典地区发掘的古迹文物，后来逐渐发展成博物馆。整个博物馆各层加起来共有 8000 平方米，这片广阔的空间里展示着 20000 多件文物。一直以来如雷贯耳的阿伽门农黄金面具、月神山甲的天神、公元前 6 世纪的苏尼恩大理石少年立像，还有公元前 550—前 540 年的阿提卡 Phrasikleia 少女铜像统统都在这儿！

最令我激动的是这里特别设有一间珠宝展厅，聚集了古希腊各个时期的饰品。属于斯塔萨托斯（Stathatos）收藏的黄金发网是件少见的奢华珠宝。这件珠宝源于公元前 3 世纪，上有一枚浮雕奖章点缀，描绘了女神阿尔忒弥斯与她的箭筒。此外一对公元前 1 世纪来自色萨利（Thessaly）地区的金手镯也极富观赏价值，上有镂空金叶、卷藤，并嵌有石榴石、紫水晶和珐琅。古希腊流传至今的首饰少之又少，在这里我终于可以一饱眼福。那时的首饰主要由金、银等贵重金属制成，手工精美绝伦。参观一圈下来，即便我已见识过无数高级珠宝，但这一件件来自数千年前的精美作品依然让我心中满是震撼。

希腊古风时期（公元前 7—前 6 世纪）的神殿内、从希腊化时代至早期罗马时代（公元前 3 世纪—公元 1 世纪）的陪葬品里都有众多珠宝，显示了古希腊惊为天工的制作工艺。希腊化时代，亚历山大大帝征战亚洲后带回了大量的贵重金属，使当时的工艺与设计突飞猛进，这是促进希腊首饰发展的极为重要的因素。希腊金饰最大的特点是富有奢华的品位和艺术表达能力以及采用复杂的工艺和昂贵的原材料。工匠们崇拜大自然并热忠于绘制各式各样的动植物，崇仰众神，同时对神话传说充满好奇，他们利用各种场景与图案来赞赏青春和美，用锤击、铸造、雕刻、焊珠、花丝或镶嵌等古老的手工艺制作珠宝艺术品。我不禁在心中默默感慨，古代珠宝的发展总是跟随艺术在前进，珠宝代表着人们对艺术永恒与不变的向往。

古希腊留给后人的文化遗产不可估量。线形几何图案、人像浮雕、兽形装饰等今天最流行的珠宝题材，希腊人不仅在几千年前就已使用，其中许多点子甚至还是他们的原创。古代工匠们的丰富想象力让人赞叹不已，他们不仅取材大自然中的动植物，还把希腊神话中的爱恨情仇故事编织在一件件首饰上。千百年来，人们对美的热爱、对艺术的赞赏和对大自然的钦佩一直都是欧洲文化的核心，这些理念在各个时期都吸引着人们，激发了人们在艺术领域的创作。我觉得这就是希腊国家考古博物馆存在的最大意义。来雅典一定要到访这里，探访一下欧洲文化发源地众多传奇的源头吧。

# 阿伽门农黄金面具

*公元前 16 世纪*

黄金

这就是举世闻名的阿伽门农黄金面具，可以毫不夸张地说它是整个博物馆内名气最大的展品，因为它是希腊迈锡尼文明强盛一时的证明。当年发现者误认为它是迈锡尼国王阿伽门农的面具，便以此命名，后来证实这尊面具出土于迈锡尼的另一座皇家墓园。

阿伽门农黄金面具由纯金打造，凸纹压出惟妙惟肖的五官，可看出是一位大胡子壮年君主的面容。黄金面具根据死者生前的容貌制成，覆盖在死者面部。给死者戴面具的风俗，古埃及早已有之，他们认为死者戴上面具可以保留一个不朽的面容，以便在外游荡的灵魂能找到死者的躯体。这件作品是影响了古希腊近千年的迈锡尼文明强盛一时的重要见证。

# 阿伽门农是谁

阿伽门农是谁？为什么一个希腊国王有这么大的名气？你一定听说过《荷马史诗》中描写的特洛伊战争：特洛伊王子帕里斯与斯巴达国王墨涅拉俄斯的王后海伦私奔，墨涅拉俄斯的哥哥阿伽门农率领军队远征特洛伊。阿伽门农请来能工巧匠打造了一个巨大的木马，内藏精兵，然后佯装败退，将木马留给了特洛伊人。好奇的特洛伊人将木马拉入城中，半夜藏在木马中的精兵和城外的迈锡尼军队里应外合，击败了特洛伊。那场战争的胜利者就是阿伽门农。

阿伽门农身处的时代正是对希腊非常重要的迈锡尼文明的繁盛时期。希腊经百余年的发展，成为爱琴文明的中心。《荷马史诗》常用"多金的"词汇来形容迈锡尼，可见当时金属工艺的兴旺发达。其实，迈锡尼本土并不产黄金，而是与古埃及通商取得黄金。后来一切辉煌烟消云散，只能从传说和后世发现的随葬品中寻觅到那个鼎盛时代的蛛丝马迹，阿伽门农黄金面具出土的意义就在于此。

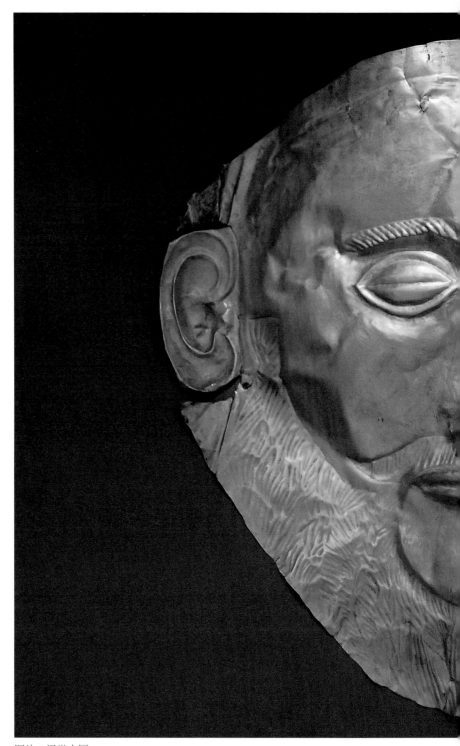

图片 / 视觉中国

# 6000 年前的
# 黄金护身符

*公元前 4500—前 3300 年*

黄金

这件环形物件不是戒指，也不是吊坠，而是一枚护身符，黄金、凸起和空洞藏着令人猜不透的寓意。考古学家只知道它源于新石器时代末期，其余一概不详，这让它充满了神秘的色彩。这是目前希腊发现的同类型挂饰中最大的一件，整个护身符由金片锤击而成。那么久远的年代已有如此黄金工艺，实在令人惊叹不已。这件首饰很有可能在示意性地描绘一个人，柄部突起的两点被视为在表现女性特征。

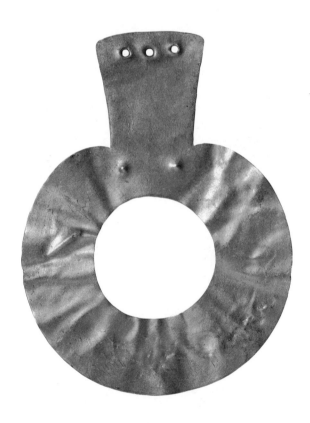

# 迈锡尼金雕印章
# 戒指

## 公元前 1500 年

黄金

这枚精致复杂的黄金印章戒指在现代人看来，依然无比时髦。它来自公元前 1500 年的梯林斯卫城，是目前发现最大的迈锡尼时期的戒指。戒面上的雕刻画是一幕神话故事，描绘了一位正在祭天的女王。女王身披长袍端坐在宝座上，宝座后可见象征权利的雄鹰。天空中日月同辉，座下四位狮面人身护卫昂首走向女王。女王高举手中的仪式酒杯，其霸气栩栩如生。

图片 / 视觉中国

# 古希腊黄金对鸟胸针

## 公元前 3 世纪中期

黄金

说起高超的金属加工工艺，就一定要提爱琴海东北部的利诺斯岛和特洛伊，来自这两个地区的金饰可以说是古希腊的大牌。这枚对鸟胸针是青铜时代早期的作品，鸟、马等动物都是当时常见的设计元素。工匠运用花丝和浮雕工艺，在胸针上塑造出一对背对背的小鸟。此类金饰在利诺斯岛和特洛伊较为常见，可见当时那里已极为富饶。

# 青铜末期 8 字形
# 胸针

*公元前 8—前 7 世纪*

青铜

胸针的历史可以追溯到青铜时代末期,其外形变化能帮助考古学家确定文物的年代。最早出现的青铜胸针非常简单,外形就跟现在的安全别针差不多。这枚 8 字形胸针来自公元前 8 至前 7 世纪的马其顿王国,已算是青铜时代较复杂的图案了。此类 8 字形胸针只在典礼或葬礼等重大场合中出现,被用作贡品。

# 色萨利黄金蛇形手镯

## 公元前 3 世纪晚期—前 2 世纪早期

黄金、红玉髓

蛇在希腊化时代有着神圣的寓意。它代表死亡，同时也代表重生，它亦正亦邪，可以说是希腊神话中最矛盾的存在。后来欧洲皇室及贵族对蛇形珠宝的追随也深受古希腊文化的影响。这对蛇形手镯源于公元前 3 世纪晚期至前 2 世纪早期的色萨利。盘旋而上的金色蛇身嵌有红玉髓作装饰，这些都有辟邪、护佑的寓意。

# 黄金浮雕发网

## 公元前 3 世纪

黄金、石榴石

这件黄金发网来自公元前 3 世纪希腊的卡尔派尼西（Karpenesi），做工精致奇巧。发网中央是一枚圆形的女性立体浮雕。仔细看可发现女子背后有个箭筒，她正是希腊神话中的狩猎女神阿尔忒弥斯。神话人物是古希腊艺术最喜爱的题材之一，珠宝自然也不例外。这件发网的凸纹与镂雕工艺技术非凡，网状链条与奖章连接处还有石榴石点缀，是一件希腊化时代的杰出作品。

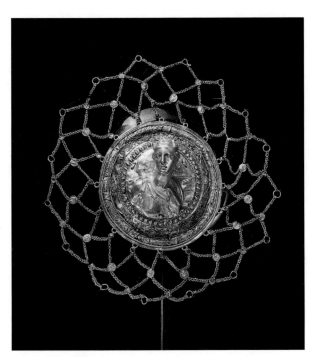

图片 / 视觉中国

# 古希腊金工宝石
# 对镯

## 公元前1世纪

黄金、紫水晶、石榴石、珐琅

这对黄金宽手镯来自公元前1世纪的色萨利，那是当时希腊非常富足的地区。精湛的工艺和杰出的细节使它们成为博物馆的一大亮点。手镯棱角分明，两颗紫水晶饱满剔透，镯身装饰着镂空切割的葡萄叶和蜿蜒的卷藤。点线面的视觉创意加上出色的焊接工艺凸显了希腊化时代手工艺的精妙和发达，连接处的巧妙设计更体现了工匠的智慧和经验。这种夸张的装饰风格清晰地反映了古希腊贵族的生活习俗与审美偏好。

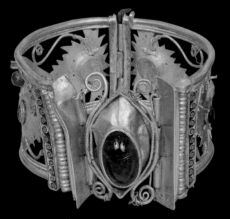

# 09 莫斯科克里姆林宫博物馆

Moscow Kremlin Museums

## 皇宫里的神秘珍宝

在这儿：俄罗斯莫斯科

部分图片／视觉中国

1806 年 3 月 10 日，莫斯科克里姆林宫博物馆（Moscow Kremlin Museums）建成。这一天，沙皇亚历山大一世终于实现了由彼得大帝发起的将皇家陈列馆转成公共博物馆的宏图伟业，禁宫开放了。6 万多件绝世藏品跨越亚欧大陆，细数着俄罗斯帝国辉煌的盛世，数不胜数的奇珍异宝，也见证着千百年来珠宝技艺的增进革新。

由皇宫改建而成的博物馆并不少见，莫斯科的克里姆林宫绝对是其中独一无二的。它不仅拥有 850 年的漫长历史，还几乎是世界上唯一一座兼具政府枢纽与博物馆功能的宫殿。俄罗斯的总统府在此处，让游人惊讶赞叹的圣母升天大教堂在此处，藏有沙皇帝国最重要宝物的军械库也在此处。更令我惊讶的是，政府最高权力机构与博物馆区之间并没有围墙，仅用一条警戒线和"游人到此止步"的牌子稍作提示。

与其说融合了拜占庭、俄罗斯、巴洛克、希腊和罗马等不同建筑风格的克里姆林宫宫殿群是一座巨大的博物馆，不如说它由不同的展览分部组成。圣母升天大教堂、大克里姆林宫、天使报喜教堂等宫殿可以随时参观，但藏有帝国宝物的军械库与钻石库并非经常开放，其中珠宝部分更不是常设展览。因此，参观者往往会产生"克里姆林宫收藏珠宝不多"的误解。事实上，比起俄罗斯的另一座皇宫博物馆埃米塔什，克里姆林宫的珠宝毫不逊色。只是出于古老帝国的骄傲，它们很少愿在大众面前展现其倨傲的身姿而已。

想要理解这种特殊的情怀，就必须了解俄罗斯的历史。众所周知，1712 年彼得大帝将新都定在涅瓦河畔的圣彼得堡，帝国的中心随之迁至俄罗斯西部。根据传统，皇室最重要的仪式

（如加冕礼）仍必须在莫斯科的克里姆林宫举行。自那时起，俄罗斯便形成了一个传统：新都圣彼得堡用于炫耀和展示帝国的实力，旧都莫斯科用来收藏和保存帝国最重要的根基。直至 1918 年苏维埃政府成立，首都被迁回莫斯科，这个传统依然没有改变。至今埃米塔什博物馆仍然开放而坦然地展出着沙皇的各种珍宝，位于克里姆林宫的军械库与钻石库却只在极少数的时间里吝啬地向游客们展露自己豪奢的风姿。

克里姆林宫博物馆的豪奢必须感谢俄国历史上三位帝王对珠宝的超级热爱。彼得大帝（Peter the Great）的改革让俄罗斯从蒙昧走向发达，随着兴建新都、与欧洲国家交往的扩大、欧洲生活标准的确立，俄罗斯对于金银器的需求迅速攀升到了前所未有的高峰，珠宝首饰业获得了飞速的发展。女沙皇叶卡捷琳娜（Catherine the Great）对黄金和钻石的天生热爱，则促成了俄罗斯皇室珠宝收藏风的兴起，由她一手填充壮大的国家钻石库成为全球珍贵钻石最集中的地方，位列世界前十的大钻石中就有 3 颗在此。世人能够见到这些帝国奇珍，还要感谢叶卡捷琳娜的孙子亚历山大一世（Alexander Ⅰ）。他在 1806 年下旨，让藏有皇家珍宝的军械库对公众开放，这道命令成为绵延了 200 年的传统。这正是虽然如今克里姆林宫身负着国家中枢的重责，却仍然对游客开放的重要原因之一。

我还想悄悄告诉你，当徜徉在克里姆林宫花园中时，你一定不会知道脚下的地下室就收藏着 25300 多克拉钻石、1700 克拉大颗粒蓝宝石、2600 克拉小粒蓝宝石、2600 克拉红宝石和几乎无法清点的精美珍珠……从皇宫到博物馆，不胜枚举的神秘珍宝珍藏着俄罗斯的盛世辉煌。

# 奥尔洛夫巨钻

*17 世纪*

钻石

奥尔洛夫巨钻（Orlov Diamond）在世界十大名钻中排名第七，它也是在欧亚大陆发现的最大钻石，出自科鲁尔矿，大小约为 32 毫米 ×35 毫米 ×21 毫米。人们相信，它的前身就是那颗重达 787 克拉的印度名钻莫卧儿钻石，由于加工不当最终被切割成玫瑰形钻石，仅重 280 克拉。此后，它在印度的战乱中流失，再度现于世间时仅重 189.62 克拉。它有着印度最美钻石的典型净度，还略带蓝绿色调，极为珍罕。当年，奥尔洛夫伯爵为了挽回年轻的叶卡捷琳娜二世的心而送上这份大礼。

# 谁曾拥有它：叶卡捷琳娜二世

叶卡捷琳娜二世是俄罗斯历史上唯一一位被称为大帝的女沙皇，也是俄罗斯帝国史上在位时间最长的君主。自 1762 年至 1796 年，她令俄罗斯成为名副其实的欧洲强国。

1775 年，她的情人奥尔洛夫伯爵花费 40 万卢布辗转买到这颗传奇巨钻，将其作为礼物献给叶卡捷琳娜大帝，想要重新获得她的欢心。女沙皇此时已经移情别恋，虽然收下钻石并把它镶嵌在权杖之上，但也不再宠幸伯爵，只将这颗巨钻命名为"奥尔洛夫钻"，并把自己的表妹婚配给奥尔洛夫伯爵。钻石代表永恒，却也挽回不了已经逝去的爱情。

# 最长的宝座廊

*17世纪初*

黄金、木、绿松石、红宝石、
橄榄石、黄玉和珍珠

克里姆林宫的军械库收藏着近十件历代沙皇的宝座，其中米哈伊尔宝座尤为瞩目。它属于罗曼诺夫王朝的第一位沙皇米哈伊尔一世（Mikhail I），由伊凡雷帝（Ivan the Terrible）的宝座改制而成。克里姆林宫的工匠们在桃花心木的椅身上贴了313千克的压花金片，再用绿松石、红宝石、橄榄石、黄玉和珍珠进行装饰，宝石数量超过2000颗。

# 莫诺马赫王冠

*13世纪末—14世纪初*

黄金、银、毛皮、红宝石、
祖母绿、珍珠、真丝

莫诺马赫王冠是15世纪晚期至17世纪所有沙皇继位时必须佩戴的王冠。这顶价值连城的王冠重达698克，用毛皮、黄金、银制成，上面镶有红宝石、祖母绿与珍珠，顶端还有一枚十字架，帽身则是俄罗斯皇冠特有的黑貂毛衬里。莫诺马赫王冠被称为"最俄罗斯"是因为，它是当年东罗马帝国皇帝康斯坦丁·莫诺马赫（Konstantin Mohomax）送给基辅大公弗拉基米尔·莫诺马赫（Vladimir Mohomax）的珍贵礼物。它证明了两个莫诺马赫之间的血缘关系，因此俄罗斯皇帝才可以自称为沙皇。

# 最豪华的福音书

*1571 年*

黄金、乌银、蓝宝石、钻石、
紫水晶、珐琅、珍珠、纸

16 世纪伊凡雷帝加冕后,宫廷仪式和教会礼拜开始
变得尤为奢华。由于东正教拒绝偶像崇拜,人们无
法在教堂中制作华丽的神像,因此便把所有的热情
释放到了福音书的制作上。克里姆林宫收藏的诸多
福音书都来自俄罗斯几大知名修道院。它们通常由
黄金或乌银制成,重达数十千克,封面采用金银丝
绣花和珐琅彩釉工艺,中部镶嵌着焙烧而成的耶稣
受难像,封面的四角为使徒像,并镶有各式华美但
未经打磨的宝石。这部军械库中最华美的福音书制
作于 1571 年,俄罗斯本地金匠和文艺复兴时期的
西欧工匠的合作对俄国珠宝艺术产生了一定影响。

# 克里姆林宫彩蛋

*1906 年*

黄金、银、玻璃、缟玛瑙、
云母、珐琅

莫斯科克里姆林宫彩蛋是为纪念 1904 年沙皇与皇后在复活节到访克里姆林宫所设计的,是尼古拉二世(Nicholas Ⅱ)送给皇后亚历山德拉·费奥多罗夫娜(Alexandra Feodorovna)的礼物。但由于制造烦琐一直到 1906 年才真正完工。它高 36 厘米,是世界上现存的最大、最豪华的法贝热(K. G. Fabergé)制作的彩蛋。蛋身底座是四座极富特色的绿顶克里姆林宫角楼,它们由带栏杆的金色围墙连接在一起,彩蛋被围在中间。彩蛋本身则施以白色半透明珐琅,抛光金顶的灵感取自举行沙皇婚礼和加冕仪式的圣母升天大教堂。透过彩蛋上的教堂玻璃窗可以清晰看到内部微缩的圣幛、沙皇的御座和饰有壁画的大厅前柱——它们与现实几乎毫无区别。在金色塔楼与墙面里还有一个八音盒,用一枚金钥匙上发条后,它可播放出两首优美的天使圣歌。

# 罗曼诺夫王朝周年纪念彩蛋

*1913年*

黄金、银、钻石、珐琅、象牙、水晶、
绿松石、玻璃、钢

这枚彩蛋同样是尼古拉二世献给皇后的复活节礼物。法贝热经常将一些俄国沙皇生活中的重要事件融入自己为每年一度的复活节所创作的作品。1913年是罗曼诺夫王朝的300周年庆典，于是他理所当然地选择了这个意义重大的创作主题。彩蛋整体约19厘米高，基座是国家盾牌和国徽标志双头鹰的微缩模型，鹰翅则托起了彩蛋。法贝热用水彩在象牙底座上绘制了罗曼诺夫王朝18位沙皇的微型画像。最令人惊奇的是，打开彩蛋你会发现一个精致的旋转地球仪。不过，这个地球仪并不包括世界全图，只是用彩金绘制了两个北半球，一个是1613年时的俄国领土，另一个是1913年时俄国的疆界。法贝热如此形象地告诉沙皇，他的祖先们如何用300年的时间完成了从莫斯科公国到俄罗斯帝国的扩张。

# 百合花彩蛋座钟

*1899 年*

黄金、珐琅、玛瑙、钻石

1899 年，沙皇尼古拉二世送给了妻子亚历山德拉·费奥多罗夫娜这枚装饰着百合花的彩蛋作为复活节礼物。这是他第二次赠送以百合花为主题的彩蛋。这一年，皇后生下了第三位公主。皇后一直无法给帝国带来盼望已久的继承人，于是世人纷纷认为这位来自德国的公主身上背负着诅咒。深爱妻子的沙皇选择用百合花来表示他对皇后的支持，众所周知百合代表着神圣与纯洁。

彩蛋的主体是一枚金色的蛋形座钟，方形基座上装饰着半透明珐琅的雕花背景。法贝热监督了这枚彩蛋的制作，蛋身中央有一道白色珐琅镶制的表盘，上有罗马数字 1 ~ 12。上发条后，金色的箭头即可指示时间。蛋身顶端的百合花枝用白玛瑙制成，每一朵花的花蕊都由三颗玫瑰切割的钻石打造。

# 西伯利亚铁路彩蛋

*1900 年*

黄金、铂金、银、珐琅、钻石、红宝石、
缟玛瑙、水晶、真丝、丝绒、木头

这枚彩蛋为纪念 1900 年俄罗斯跨西伯利亚大铁路建成的盛事而制作。彩蛋外部饰以五彩珐琅，中间的宽银带上刻着带有横跨西伯利亚路线圈及铭文的俄罗斯地图，铭文写道："1900 伟大的西伯利亚铁路。"未完成的铁路部分用虚线标出。银色的彩蛋顶部饰有三只戴着皇冠的双头金鹰，以证明这条伟大的铁路在王室的眷顾下才得以建成。

彩蛋中所藏的惊喜会让每一个人心动——一辆可以用金钥匙上发条的小火车。当它启动时，钻石制成的车头灯和红宝石制成的尾灯便会一闪一闪发亮。第一节车厢上刻有"直通西伯利亚"，第二、第三和第四节车厢标有"女士专用""吸烟区""禁烟"等标志——这些铭文通通需要用放大镜才能看清。

# 三叶草钻石彩蛋

*1902 年*

黄金、铂金、珐琅、钻石、
红宝石

这枚可爱的绿色彩蛋是少数几个从未离开过俄罗斯国土的法贝热彩蛋之一。1902 年，沙皇尼古拉二世令法贝热御制了三枚彩蛋，分别赠给不同的家人。这枚赠给妻子亚历山德拉·费奥多罗夫娜的三叶草彩蛋，无疑是其中最美的那个——大师效法中国的景泰蓝，用铂金勾勒出三叶草的叶片形状和叶脉，再分别施以绿色的珐琅或镶上明亮切工的碎钻。在卷曲的草叶之间，有着一条极薄、用红宝石铺镶而成的金色丝带，围绕着蛋身飘舞，给静态的彩蛋带来了无与伦比的动感。可惜的是，原本藏在彩蛋中的沙皇心爱的四位公主肖像和一片镶有 23 颗钻石的迷你四叶草早已丢失。在俄罗斯传说中，三叶草象征着祝福和幸运，四叶草则代表着心想事成。

# 10 保罗盖蒂博物馆

J. Paul Getty Museum

## 盖蒂先生的艺术花园

在这儿：美国洛杉矶

来到保罗·盖蒂博物馆感觉很难把它和那个超富有的"吝啬鬼"盖蒂先生联系到一起，2017
年上映的电影《金钱世界》（All the Money in the World）就是根据前世界首富、石油
大亨让·保罗·盖蒂的真人真事改编的。老盖蒂先生的孙子被意大利黑帮绑架，绑匪索要
1700万美金。他听到天价赎金的回答却是极为冷漠的"Nothing"，他认为"我还有14个
孙子和孙女，这次我哪怕出1分钱，以后绑匪也一定会拿另外的孙辈来要挟我"。在接到失
去耐性的绑匪寄来的小盖蒂的一只耳朵后，老盖蒂才迫于外界压力，给了340万美金，但他"吝
啬鬼"的骂名则更加根深蒂固了。

但就是这样吝啬的人却是一位大艺术收藏家，他对艺术的捐赠从不吝啬。1954年，为展示
自己的私人藏品，保罗·盖蒂博物馆成立，1976年，老盖蒂在伦敦去世，他留给儿子的遗
产少得可怜，却把财产的三分之二，也就是22亿美元都捐给了盖蒂博物馆，并成立了盖蒂
基金会。因为老盖蒂始终记得父亲曾经说过的话："你的财富代表了无数其他人潜在的工作
机会，财富还可以继续为很多人创造财富，提供更好的生活，也包括你自己。"也许这就是让·保
罗·盖蒂创立盖蒂博物馆的初衷吧。这也是他的投资经验：买股票、买地和买艺术品。

保罗·盖蒂博物馆有盖蒂中心（Getty Center）和盖蒂别墅（Getty Villa）两处分馆。盖蒂
中心在洛杉矶西面的圣莫尼卡山坡上，分为东西南北4个展馆和展厅露台共5个部分。大名
鼎鼎的建筑师理查德·迈耶（Richard Meier）充分考虑和利用了洛杉矶的大好阳光，不仅
把几座展馆设计得错落有致、高低映衬，让自然采光透过建筑照进室内，同时避免了烈日直
射艺术品，成为一大特色。北馆藏有公元1600年前的绘画，还可以看到中世纪和文艺复兴
时期的大量雕塑。东馆收藏着17世纪的巴洛克艺术，还有1600—1800年间的意大利艺术
品。南馆有18世纪的绘画和一些欧洲艺术藏品。镇馆之宝在西馆，这里主要是18—20世
纪的雕塑和19世纪的绘画，当看到文森特·威廉·梵高的油画《鸢尾花》时还是非常兴奋的。

和视觉热辣的《向日葵》系列不同，《鸢尾花》虽然色彩也很丰富，但整体的蓝紫色给人极度舒缓和谐的感觉，也许画家一生都沉浸在痛苦和无奈中，离世前的一年他在精神病院度过余生，反而画出了具有高度张力的画作，更带给后世每一个看到他画作的人对美好生活的深深向往。

盖蒂别墅的建筑灵感来自罗马时代意大利库兰尼姆古城的纸莎草图书馆别墅（Villa of the Papyri），7 个展厅收藏着公元前 6500 — 公元 400 年的古希腊、古罗马和伊特鲁里亚的 1200 多件珍贵雕塑、生活器皿和珠宝饰品。在这里，尤其可以集中看到古代欧洲地中海周边的艺术繁荣，零距离欣赏那些美妙的手工技艺，感觉时光仿佛停驻在了古老工匠的刻刀下，珠宝虽已流转千年，却因古人智慧的加持依然熠熠生辉。

这里的"镇馆之宝"一定非托勒密珠宝收藏（Collection of Ptolemaic Jewelry）莫属，这是一整套出自公元前 225 — 前 175 年的共计 16 件珠宝，王冠、耳坠、臂章、手镯、发网、印章戒指等形式十分丰富齐整，金雕工艺、玉髓肖像雕刻、串珠工艺、扭索工艺还有精密的组装技艺，简直复杂到让人眼花缭乱，很难想象这是出自几千年前的蛮荒年代。

我怀着一颗八卦的心在说明牌上搜寻着究竟是谁收藏了它们，又把它们贡献给博物馆，最终我发现了弗莱希曼（Fleischman）夫妇的大名。的确，他们是古希腊、古罗马和伊特鲁里亚文物的收藏大家，全球几大重要博物馆都展有他俩的珍贵藏品。

走出展厅，我来到了四面开阔的中庭，几个小时恍如隔世，一件件珠宝、一座座雕塑沉淀在了记忆里。而让我更感动的则是盖蒂老先生、弗莱希曼夫妇这些大收藏家的传奇经历，他们以无限的艺术热情成就了博物馆里无价的珍宝，他们的艺术精神必将永恒地影响着他人！

# 古希腊黄金发网

*公元前 225—前 175 年*

黄金、石榴石、玻璃膏

这个精致的黄金发网造型华丽，而且工艺繁复细腻，很难想象出自公元前225至前175年。从它的复杂程度以及镶嵌的宝石分析，能佩戴它的人也一定不会是普通平民，虽还未达到皇室珠宝的规格，但拥有它的女士也必是服务于皇家，并且位高权重，财富傍身。

通过图片你只能一瞥黄金发网的其中一面，但其实在博物馆近距离观察，它360度的细节都值得推敲。中间的主体圆盘上是古希腊爱与美的女神阿芙洛狄特（Aphrodite）的半身像，她左肩上的小天使厄洛斯（Eros）扑打着翅膀。

以圆盘为中心发散出一圈圈的装饰纹样。内圈是象征智慧与艺术的莨苕叶子，被花丝工艺的金丝围绕着。外圈雕刻着锯齿状的纹路，据推测那里原本应该镶嵌着珐琅，但现在年久失修，已无迹可查了。

发网立体的网状格由工艺复杂的多股金线交叉构成，每个交叉点衔接着有趣的小面具，有酒神狄俄尼索斯（Dionysos）、文艺之神阿波罗（Apollo），还有一些戏剧演员的面具。而间隔于这些金线之间的是一组3列的线轴形小串珠，比起普遍使用的圆形珠子，线轴形自然更凸显工艺的复杂。黄金发网虽然只是这位女士装饰发髻的一件日常饰品，但是细节处处显露出她的审美品位。当然作为束缚发髻的发网，线轴形的珠子无疑比圆形更能增加发网和头发之间的摩擦力，确保发髻的紧致。发网后面圆形的扣子上则点缀着一个大的赫拉克勒斯结（Herakles Knot），赫拉克勒斯结又称大力神结，在当时非常风行，寓意坚不可摧，还可以抵御邪魔、疗愈身心。

发网圆盘下面垂着金珠和石榴石装饰的流苏，为搭配金珠，石榴石也被切割成小小的线轴形状，非常统一和谐。在流苏尾部，工匠为了增加更多层次的美感，又串镶了大一些的圆形石榴石，令垂坠部分更加圆润饱满，也增加了一点重力，这样流苏晃动起来更加韵律十足。

# 谁曾拥有它：托勒密三世

公元前 323 年，马其顿的亚历山大大帝在巴比伦暴病身亡，年仅 33 岁。他的庞大帝国被手下的将军瓜分，其中古希腊的托勒密将军建立了古埃及的托勒密王朝。

这座大理石雕塑是托勒密三世( Ptolemy Ⅲ Euergetes )的头像，按年代推算，他也许和这套丰盛华丽的珠宝有交集，当然也极有可能是他后继的托勒密四世。托勒密三世似乎是在爱琴海的锡拉岛（ Thera ）长大，并不是在古埃及长大，他的历任导师都是赫赫有名的诗人和博学家，他还曾是亚历山大图书馆的馆长。在古埃及，托勒密三世资助兴建了各地的神庙，其中最重要的是埃德夫（ Edfu ）的荷鲁斯神庙（ the Temple of Horus ），这也是人们熟知的古埃及神庙大作之一。

托勒密王朝因为承继了亚历山大父王腓力二世时期成功开发的矿产，因此拥有了"用之不竭的黄金"，这件黄金发网以及许多手镯、臂镯、耳环、戒指、王冠等都是这个时期金匠的典型作品。

# 伊特鲁里亚象形茧戒指

## 公元前 550—前 500 年

黄金

看到这枚意大利伊特鲁里亚（Etruscan）时期的长椭圆形金戒指的戒面，第一反应就是为什么那么像古埃及象形文字中的象形茧（Cartouche）呢，只是一端少了与其成直角的线段。的确，伊特鲁里亚的首饰受到了古埃及的影响，毕竟环绕地中海的古埃及、古罗马、古希腊文明的艺术和文化从未停止融会贯通。

这枚象形茧形状的戒面分为三格，从上到下分别"住"着3个神兽：一只带翼人面鸟尾的海妖（Siren）、一只狮身人面兽（Sphinx）、一只带翼马头鱼尾兽（Hippocamp）。它们都源于古埃及和古希腊的神话，这样的组合图案可并不是单纯为了装饰，更重要的作用是为了尊崇宗教习俗，有特别的护佑意义。戒指采用黄金材质，因为人们笃信黄金与神灵有着神秘的联系。而且这枚戒指的戒圈几乎没有佩戴过的磨划痕迹，证明它应该只是墓葬主人的陪葬品。

这枚黄金戒指的金工非常考究，用娴熟的刀法简单几笔就勾勒出了神兽的姿态，甚至在一个平面营造出了立体的阴影感，体现在戒面的边框还有神兽翅膀的侧影处，这些工艺深受地中海沿岸古埃及人（Egyptian）和腓尼基人（Phoenician）高超雕刻技艺的影响。

# 造粒、玻璃工艺
# 黄金项链

*公元前525—前500年*

黄金、玻璃

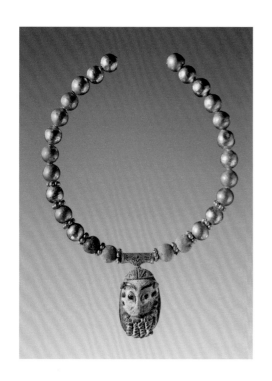

这条出自公元前500多年的项链难掩其神秘气质。项链串联了26颗直径约8毫米的空心金珠，每颗金珠又被一个个小珠圈隔开。你会发现靠近项链坠的左右各两颗金珠有些异样，表面像蒙上了一层"灰尘"，其实这正体现了伊特鲁里亚人神秘的造粒工艺和胶焊技术。那些"灰尘"实际上是很多很多极细小的黄金珠粒，通过加热而黏着在金珠表面。据说造粒技术有几种处理方法，但更具体的流程和手法伊特鲁里亚人一向秘不示人。项链中间连接项坠的部件同样运用了造粒技术，但明显工艺不太一样。用造粒工艺打造出千变万化的图案和纹理也是伊特鲁里亚时期项链坠首饰的一大特点。

发灰色的项链坠是玻璃材质。由于"吹制法"的玻璃制作技术直到公元前50年才出现，这条项链坠人物的配色、形态以及制作技法，也和公元前500多年伊特鲁里亚的艺术风格有所出入，所以专家推测项链的链子和项坠两个部分很有可能是在后期重新组合的，并非"原配"。

# 密涅瓦女神立体浮雕戒指

*公元 1 世纪*

黄金、玉髓

如果要评选古罗马出镜最多的女神，那一定非密涅瓦（Minerva）莫属，她是智慧、胜利、艺术女神，在古罗马她的地位就相当于古希腊的雅典娜。这枚戒指上镶嵌的就是密涅瓦的半身像，她戴着蛇鳞纹的宙斯盾牌和科林斯式（Corinthian）头盔，俨然一个威武的女战神，寓意戴着戒指会得到神的护佑。

为了兼顾设计美学和实用功能，镶嵌密涅瓦半身雕像的黄金底座看上去足够厚重，但为了保证佩戴的舒适度，戒指实际采用了空心工艺。

在公元 1 世纪的罗马，这类用黄金材质镶嵌宝石雕像的戒指并不少见，但如此精湛立体的宝石人物雕像却极其罕有。很多博物馆同一时期的作品，多是运用比较简单的凹雕工艺。这枚戒指上绿色的宝石是绿玉髓，看着很像祖母绿，其硬度比祖母绿低，更适合精工雕刻。在罗马帝国镶嵌绿玉髓的印章戒指很常见，但拥有如此高超雕工的却非常珍贵，据分析当时使用的绿玉髓应该出自小亚细亚附近。

# 审慎美德主题帽饰

*1550—1560 年*

黄金、珐琅、玉髓、
玻璃

很明显，这枚椭圆的饰品并不是项链坠，因为它有
4 个对称的小环扣。这是一种帽饰，往往会被固定
在帽子后翻的帽檐上，在 14 世纪中期到 15 世纪下
半叶的百年间很是流行。这枚帽饰上的半身像是文
艺复兴时期珠宝创作中很常见的"女主"——审慎
（Prudence）的拟人化形象。在古希腊、古罗马
文化中，审慎（Prudence）、正义（Justice）、
坚毅（Fortitude）和节制（Temperance）被称
为四大美德，而手举镜子则是"审慎"的标志性动
作，寓意真实地观察自己。在文艺复兴时期的雕塑、
珠宝中也可以找到类似的作品。

值得一提的是这枚帽饰 5.7 厘米直径空间中的惊世
工艺，艳丽的颜色融合运用了白色、蓝色、红色和黑
色的不同珐琅工艺，有的细腻华丽，有的和金工完美
结合。金色的卷发、裙子上的皱褶惟妙惟肖，无一不
展现出了工匠高超的金工雕刻技艺。这里还运用了一
门出自佛罗伦萨的高超工艺——马赛克镶嵌工艺，现
今能见到的存世作品已寥寥无几。马赛克镶嵌工艺是
将浮雕、金艺和珐琅精准"拼接"起来的纯手工工艺，
各种材质、各种工艺意想不到的有机结合，感觉就像
把一幅肖像画定格在了方寸之间。

# 鲁道夫二世黄金奖章

*约 1600 年*

黄金

自古以来，权力执掌者就以铸造硬币和勋章来庆祝他们的统治和功绩，这枚 1600 年左右的黄金勋章就有这样的作用。勋章上的人物是哈布斯堡王朝神圣罗马帝国皇帝鲁道夫二世（Rudolf II），他头上戴着月桂花环，象征胜利与和平，胸前戴的是金羊毛勋章的吊链，表明他是奥地利分支的金羊毛骑士团成员。

勋章正面雕刻着半圈拉丁铭文"RVDOLPHVS II ROM IMP AVG REX HUNG BOE"，意思是宣布鲁道夫二世成为罗马人的最高皇帝、匈牙利和波希米亚的国王。背面的公羊鱼尾兽代表十二星座中的摩羯座，指的是奥古斯都·凯撒（Augustus Caesar），他是摩羯座，暗示着鲁道夫二世拥有像罗马帝国的开国君主凯撒一样的权威和地位。公羊身下掌控着地球，最上面是哈布斯堡之鹰，身旁一颗星星光芒闪烁。一圈拉丁文铭文"ASTRVM FVLGET CÆS"意为皇帝的星星闪闪发光，暗示了鲁道夫至高无上的地位，以及哈布斯堡王朝的繁荣未来。

# 洛可可风格墙饰

*1730—1740 年*

银、铜镀金、青金石

这块如珠宝般华丽丰美的、足足有近 70 厘米高的墙饰挂板是意大利洛可可后期的经典风格，它出自西西里岛最好的礼仪金属制品制造商之一的弗朗西斯科·纳塔莱·尤瓦拉（Francesco Natale Juvara）之手，设计它可能是为了装饰一个小教堂。

铜鎏金的框架和青金石的背景下，立体雕刻的银色圣母玛利亚呼之欲出。

整件作品除了框架造型，从人物到花草、云朵等自然元素都是采用不对称的布局创作的，轻松、自由又不失艺术性。卷草舒花，曲线缠绵，色彩丰富却又和谐明朗，充分体现出洛可可风格的精髓。

# 11　巴黎装饰艺术博物馆

Musée des Arts Décoratifs

## 卢浮宫隐藏的珠宝盛宴

在这儿：法国巴黎

如果说卢浮宫永远是巴黎这席流动盛宴的王冠，那巴黎装饰艺术博物馆（Musée des Arts Décoratifs）则是王冠隐秘角落里一颗熠熠生辉的珍珠。

巴黎的熟客往往对卢浮宫如织的人流避之不及，来到卢浮宫星巴克对面的里沃利路107号，穿过一扇不起眼的大门，便能远离喧嚣的游客，静静地欣赏卢浮宫之美。这里是卢浮宫西翼，装饰艺术（Art Deco）朝圣者的乐园。巴黎装饰艺术博物馆致力于装饰艺术领域的收藏与展览，拥有上百万件藏品，是欧洲规模最大的装饰艺术博物馆。其中常设展出的千余件珠宝，使其成为珠宝爱好者的朝圣之地。

博物馆所在的卢浮宫西翼原名 Marsan Wings，得名于曾经在这里居住的皇家家庭教师马桑伯爵夫人。1898年，法国装饰艺术家协会在这里正式建立了装饰艺术博物馆，专门展示协会的艺术收藏。

比起卢浮宫的壮美，这座能够俯瞰杜伊勒里花园大草坪的皇家小建筑十分精致，美丽的穹顶，摄政风格的大扶梯以及精巧繁复的连廊，展现着专属于19世纪的古朴与优雅。但若谈到馆中的藏品，堪称艺术的建筑也会黯然失色。这里常年展出法国新艺术运动时期和装饰艺术运动时期的藏品6600余件，涵盖了家具、餐具、雕塑、绘画、玻璃、玩具等方方面面。巴黎装饰艺术博物馆还相当受奢侈品品牌的青睐。迪奥（Dior）为庆祝品牌成立70周年，在此处举办了迄今为止最大规模的回顾展。2022年1月，法国著名设计师蒂埃里·穆勒（Thierry Mugler）突然逝世之后，也是在这里展出了他最负盛名的作品，为这位传奇先锋设计师向大众作最后的告别。

身为珠宝爱好者，位于博物馆三层的珠宝展廊是我的至爱之地。这里收藏了千余件珠宝作品，虽然可能缺少其他博物馆津津乐道的"镇馆之宝"，比如卢浮宫的那顶镶满钻石的法皇王冠、埃米塔什博物馆的孔雀大钟与法贝热彩蛋，但在这里却能看到一部完整的欧洲珠宝进化史。巴黎装饰艺术博物馆收藏了从中世纪至今的几乎所有风格的珠宝，每件展品都代表着珠宝史上标志性的风格或工艺，所以，巴黎装饰艺术博物馆的珠宝不在于贵，而在于全。

大扶梯将珠宝展廊分为两个空间，1 号厅展出中世纪至 19 世纪的古董珠宝作品，2 号厅展出 1940 年至今的法国珠宝设计师作品。如之前所言，1 号展厅的古董珠宝可能算不上富丽堂皇，但一整墙的珠宝原料以抽屉式的陈列柜形式展出给人留下了深刻的印象。从宝石和半宝石、黄金、银、钢，到珊瑚、象牙、珍珠母贝，甚至还有头发、鱼鳞、塑料和水钻，你能深入地感触到珠宝的本原与过往。而 2 号厅内，特别值得称道的是近代各位装饰艺术大师的珠宝作品，勒内·莱俪（René Lalique）、乔治·富凯（Georges Fouquet）、吕西安·盖拉得（Lucien Gaillard）等。我个人的最爱是一枚 1925 年的珐琅胸针，它是装饰艺术运动时期首屈一指的设计师雷蒙德·坦皮耶（Raymond Templier）的杰作，绿色的珐琅、钻石与铂金完美交叉镶嵌出波浪的动感，几何造型极富对称感与新锐度，很难相信它竟然是近百年前的设计。

巴黎装饰艺术博物馆的珠宝史诗并不壮丽，却格外完整。正因为如此，它也受到了乐于书写与传承历史的各大顶级珠宝品牌的青睐。卡地亚、宝诗龙、香奈儿、雅尔、梵克雅宝不仅捐赠和借出了大量的品牌收藏品，还经常在馆内设立巡回展览。2022 年年初，"卡地亚与伊斯兰艺术：现代性的源头"是巴黎装饰艺术博物馆的重头戏，虽然不远处的卢浮宫博物馆同样也有卡地亚的展览，但在此处，你却可以无人打扰地静静欣赏卡地亚的代表大作。在我看来，这就是巴黎装饰艺术博物馆的魅力之一。而华人珠宝艺术家赵心绮（Cindy Chao）的"红宝石侧飞蝴蝶胸针"，也在几年前被巴黎装饰艺术博物馆纳为馆藏。

# 新艺术珐琅
# 短项链

*1900 年*

雕金、半透明珐琅、橄榄石、
古董钻石、蓝色玻璃

这件"围嘴"形状的硬质短项链可谓是勒内·莱俪在 1900 年左右的新艺术风格巅峰之作。他凭借素描绘画功底在 13.6 厘米 ×6.5 厘米的饰板空间内"作画"，将最擅长的自然主题表现得活灵活现。胸前的装饰部分用各种异型的凸圆形切割而成的仿蓝宝石玻璃营造出盈盈的水洼，明亮切割的古董钻石像是花叶间的璀璨露珠。独特的浮雕金艺勾勒出整件作品，半透明珐琅和粗粒珐琅工艺的完美结合更让作品看上去结构立体、色彩丰富。

维多利亚时代后期，工业革命的发展导致机械化逐渐代替手工艺，艺术家们不允许粗糙的工业产品充斥生活，于是新艺术运动轰轰烈烈地爆发并席卷欧洲各国。这个时期的珠宝极少再看到昂贵的巨钻宝石，自然、女性的主题替代了之前王公贵族奢华、繁复的设计，女性日常服饰也不再以束腰、裙撑搭配全套华贵珠宝，而是裙装越发宽松，只戴一件突出自身个性的珠宝点睛即可。

# 谁设计了它：设计师勒内·莱俪

1860 年勒内·莱俪（René Lalique）在法国香槟省出生，他从小就热爱大自然并擅长绘画，12 岁就取得学校绘画第一名，展现了他在艺术方面的天赋异禀。16 岁他去珠宝商那里做学徒，同时在装饰艺术学校上夜校学习珠宝设计。1878 年他移居伦敦，蓬勃发展的工艺美术运动对这个年轻人产生了巨大的影响，之后的 10 年间，他在伦敦继续接受艺术教育，一有时间就去参观博物馆。

1881 年，21 岁的勒内·莱俪已从为大珠宝商绘制珠宝图的画手发展成了他们乐于合作的自由设计师，其中也包括大名鼎鼎的卡地亚和宝诗龙世家。

1885 年底，26 岁的勒内·莱俪接管了朱勒（Jules）的工坊，并自立门户把私人工作室开在巴黎，1895 年在法国艺术家沙龙上首次展出了他制作的玻璃珠宝。

勒内·莱俪敢于使用材料来表现设计的精髓和艺术的价值，他并不拘泥于材质本身是否贵重，常用象牙、牛角、龟壳、珍珠母贝、水晶、珍珠、珐琅、玉髓这些材质。

# 维多利亚风格
# 耳饰

*约 1878 年*

半透明珐琅、仿真珍珠、钻石

这对 1878 年由弗雷德里克·宝诗龙设计的耳环是典型的维多利亚风格，柔美纤细，蝴蝶结丝带灵动飞扬，圆盘状的耳坠上精巧地运用了蓝、红、绿颜色的半透明珐琅工艺，在每格珐琅的方寸间还描绘了异域的图案，这在当时也是一种创新的尝试。

自从 1867 年弗雷德里克·宝诗龙首次在巴黎世博会上荣获金奖后，这位极富创新精神的珠宝大师就开启了屡获国际殊荣的传奇历史。

# 西尔维娅吊坠

*1900 年*

黄金、玛瑙、珐琅、红宝石、
钻石

这枚亨利·维佛(Henri Vever)的西尔维娅(Sylvia)吊坠从 1900 年现身就轰动一时，至今依然不停地在全世界各大主题展览中"巡演"。在无数讲述珠宝艺术史的重要书籍中，这枚吊坠都是代表新艺术运动时期的大作之一。它在对称中藏有小小的不对称，清雅色调中又有高级的跳色，女神和昆虫翅膀的艺术结合，玛瑙、钻石、红宝石烘衬着梦幻的渐变珐琅，纤巧的腰肢与飞扬的裙摆仿佛自成一幅画。

维佛（Vever）家族是著名的珠宝世家，最早可以追溯到 1794 年皮埃尔 - 保罗·维佛（Pierre-Paul Vever）创立了自己的品牌。为了逃避战争，老维佛的儿子欧内斯特（Ernest）又带着他的两个儿子保罗（Paul）和亨利（Henri）从梅茨（Metz）搬到了巴黎，至此维佛家族的生意才渐渐走上坦途。保罗和亨利与拿破仑三世的主要珠宝供应商之一古斯塔夫·博格朗（Gustave Baugrand）保持着密切关系，短短几年飞速发展，维佛家族在巴黎被公认为是最好的珠宝商之一，父亲也渐渐放手把大权交给两个儿子。亨利·维佛是家族品牌的设计和工艺担当，一直决定着维佛珠宝的风格导向。最初他的设计带有明显的文艺复兴特色和东方风格，但随着 19 世纪后期新艺术运动的兴起，他融入了改革新潮，产生了更多的创意灵感，并成为领军人物。

# 复兴埃及风格套件

*1878 年*

银镀金、碧玉、紫水晶、珐琅

这套埃及主题珠宝是埃米尔－德西雷·菲利浦（Emile-Desire Philippe）于 1878 年创作的经典大作，融合了古埃及图腾、神明、符号、图样、象形文字，镶嵌了紫水晶、碧玉、玉髓、玛瑙等彩色宝石，施展了高超的珐琅、金雕等手工艺，还设计运用了各种连接、活动的小机关等等。

埃米尔－德西雷·菲利浦一直是一个动手的实干派，20 多岁就在法国的珠宝工坊做雕刻师、手绘师还有模型师，甚至早期还做过在金属上刻印记的小活儿，事无巨细，但样样做得出色。1862 年，他在巴黎开了自己的店铺，专长是手工雕刻数字和纹章。他开发了象牙上的多色雕刻，还为此申请了专利。

埃米尔－德西雷·菲利浦的装饰借鉴了希腊、摩尔、拜占庭、文艺复兴等风格，不仅用于珠宝，他还把钻研出的独特工艺技法用来打造一些匣子、匕首、裁纸刀、镜子等小物件，广受欢迎。

在仔细研究了大量古埃及出土的古董珠宝后，他认定埃及风格是他最热衷的方向，1873 年他在维也纳国际博览会上展示的作品赢得了一枚奖章，自此他独有的设计风格得到了更高的认可。

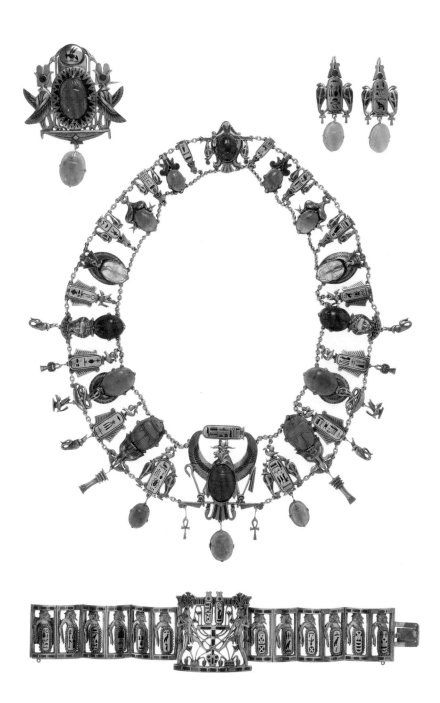

# 山茶花手镯

*1995 年*

黄金、银上漆、红宝石、珐琅

曾经一位珠宝商对乔尔·亚瑟·罗森塔尔（Joel Arthur Rosenthal，简称JAR）说："你会很擅长这个事，因为你不知道任何规则。"的确，不知道任何规则，就不会被任何规则束缚，任凭灵感天马行空。JAR 的珠宝无论是设计、材质还是工艺都辨识度极高。你能想到这山茶花手镯白色的花瓣是漆白的银材质吗？旁边那一两片特别的红色花瓣竟然出乎意料地换成了黄金，还镶嵌了大大小小332 颗彩色宝石……这些就是独属于 JAR 的灵感火花吧！

一直以来，JAR 无论在珠宝同行还是资深收藏家的心中都是神一样的存在，在当代珠宝领域的地位也无人撼动。JAR 于 1943 年出生在纽约，从小他就发现自己对珠宝有极大兴趣，他最爱去大都会博物馆和第五大道的蒂芙尼珠宝店看个不停。20 岁时他考上哈佛大学，学的是艺术史与哲学。

1966 年，毕业后的他像是感受到了命运的指引，移居到了巴黎，在那里他遇到了后来一直合作的好搭档皮埃尔·让内（Pierre Jeannet）。1978 年，他俩跻身于世界珠宝大牌云集的芳登广场，真正开始了自己的珠宝生意。至今，他们一直在一起共事，规模从未扩大，一年也只出品70 ~ 80 件珠宝，极其低调。2013 年 11 月，JAR 受邀回到小时候写生的纽约大都会博物馆举办珠宝展，这也是纽约大都会博物馆第一次为在世的当代珠宝艺术家举办回顾展。

# 黄金彩瓷胸针

*1958 年*

黄金、彩瓷、钻石

如果让·史隆伯杰（Jean Schlumberger）没有经历战争，他的珠宝就不会有那么多生机灵动的自然花草；如果让·史隆伯杰不爱旅行，他的珠宝就不会有那么多奇特的小动物。他的每一件珠宝都极富生命力，就如这彩瓷花枝，每一片花瓣都那么逼真，每一片花叶都像被风吹得微微颤动，点点钻石镶嵌的花蕊成为整枚胸针璀璨的点睛之笔。

虽然让·史隆伯杰成名在美国，但他却是地道的法国人。1907 年，他出生在法国东部，家境还算富足，1930 年，严苛的父母将他送去柏林，希望他从事银行业，他却叛逆地逃到了巴黎。1936 年，他遇到了意大利时装设计师艾尔萨·夏帕瑞丽（Elsa Schiaparelli），开始帮她设计时装配饰。

第二次世界大战之后，让·史隆伯杰移居纽约，刚开始他打算做个服装设计师，但后来他还是决定与朋友一起开一家珠宝沙龙。1956 年，当时蒂芙尼的高层正为设计部寻找有才华的新人，他们敏锐地发现了才华横溢的让·史隆伯杰，不仅给他优厚的待遇，还在蒂芙尼的大楼里给他创建了独立的工坊和沙龙。1957 年，让·史隆伯杰把蒂芙尼在 1878 年收购的那颗重达 128.54 克拉的传奇黄钻设计成一条经典的项链，被奥黛丽·赫本在电影《蒂芙尼的早餐》宣传剧照中佩戴。从此，让·史隆伯杰更加名声大振，他的作品也被明星名流争相收藏。

# 红宝石侧飞蝴蝶
# 胸针

*2008 年*

钻石、红宝石、变色蓝宝石、
彩钻、棕钻

这枚"红宝石侧飞蝴蝶"胸针设计非常出人意料，华人艺术家赵心绮（Cindy Chao）并没有以传统的平展的蝴蝶形象进行创作，而是定格了蝴蝶侧飞即将展翅的瞬间，她惯用的立体思维让这只蝴蝶非常立体灵动。她不计代价地把两颗无烧红宝石切割，还为这只蝴蝶镶嵌了钻石、变色蓝宝石、彩钻、棕钻等。即使背面也丝毫不会马虎，完美实现最初的思想蓝图。

赵心绮出生于艺术世家，她的外祖父是汉式庙宇建筑师，她的父亲是雕塑家。从小在长辈的耳濡目染之下，赵心绮不仅学会用立体思维观察建筑物的每个角度，对待高级珠宝的艺术创作也有了更多横纵结合、虚实相融的深度领悟。她把"建筑感、雕塑性、生命力"奉为一贯的创作理念，还潜移默化地渗透在每一件珠宝作品中。有建筑精髓认知的家庭传承，多年海外求学游历的艺术积淀，十数年对欧洲皇室御用匠师雕蜡工艺的潜心钻研，这些人生的偶然际遇最终成就了她的必然的收获，成为唯一被世界三大博物馆——史密森尼国家自然历史博物馆、巴黎装饰艺术博物馆以及维多利亚和阿尔伯特博物馆——典藏的当代华人珠宝艺术家。

# 12　尚美巴黎芳登广场12号博物馆

Chaumet Museum

## 一座珍藏冠冕的圣殿

在这儿：法国巴黎

作为巴黎最具历史意义的地标之一，有着拿破仑青铜雕像青铜柱的芳登广场（Place Vendôme）无疑是整个欧洲最闪亮的珠宝箱。这也是我每次来巴黎必逛的圣地，哪怕只是穿行其间，踩过古老石块铺成的路径，深吸一口广场中神秘的空气，环顾一番那些隐匿着珠光宝气的店面……如果想看到那些得到法国皇室最多偏爱的珍宝，唯一的选择无疑是造访这家位于芳登广场12号的尚美巴黎博物馆（Chaumet Museum）。

它很远吗？不，如果你住在香奈儿女士与海明威一直流连不去的丽兹酒店，只需要穿过几条弯拱门廊就能看见它。它很近吗？也不，比起10欧元便可畅游一天的卢浮宫，它私密而又独立，仅有尚美巴黎（Chaumet）最尊贵的客人才能进入，它在某种程度上仍然保持着百年前的原貌，一个私密的沙龙。在这里，优雅的绅士和高贵的淑女在香槟与小提琴中阅读着尚美巴黎（Chaumet）的历史，抒发着他们对时代的感想，享受着属于他们的黄金时代。

为什么要选址在这里？这个问题或许不需要回答。因为在很长一段时间内，芳登广场的大半都属于尚美巴黎，甚至连丽兹酒店也是由创始人马里－艾蒂安·尼铎（Marie-Etienne Nitot）的私邸改建而成。可以说，芳登广场本身就是尚美巴黎的后花园。

奢侈品最终的衡量标准就是门第和历史，尚美巴黎的尊荣无须某位皇后或公爵夫人来背书，因为它身后站着的是法国最伟大的皇帝拿破仑。步入尚美巴黎芳登广场12号博物馆，最让人注目的就是拿破仑身着领事馆礼服的大幅油画。那时候他尚未登基为帝，却已佩戴着尼铎为他制作的佩剑。在他的登基大典上，他又亲手用尚美巴黎打造的后冠为约瑟芬加冕。在那之后，尚美巴黎为王室贵族打造了3500多款钻冕臻品，开启了珠宝时代独特的皇室荣光。

事实上，连博物馆建筑本身都是珍贵的文物。这栋18世纪的豪宅原属于路易十六（Louis XVI）的海军大臣圣－詹姆斯（Sain-James），后来成为俄国驻法国的大使馆，天才设计师弗朗索瓦－约瑟夫·贝朗热（Franéois-Joseph Bélanger）将这栋房子打造成了一座皇家式宫殿。如今，当我踏上雄伟壮观的主楼梯，仍可以从带着蔷薇花饰与海神的黄金壁板、有着洛可可风格的华美装饰画和镶成罗盘图案的木质地板中，感受到当年的奢华风貌。哦，忘了告诉你，这里还曾是钢琴家肖邦最后的住所。他在这里谱出了一生的最后作品：《马祖卡舞曲》（Op68 No.4）。

现在，这里收藏着极其珍贵的尚美巴黎为各国皇室和名流制作的冠冕原型及实物，它们依据年代如同蝴蝶标本一样被精心收纳。我在这看到了一些来自不同时期的名作，如1907年出品的钻石瀑布和1914年问世的半星形祖母绿羽饰。与之相邻的另一个房间还珍藏着尚美巴黎几十万份珠宝水彩设计图样以及两个多世纪以来所有的账目记录。正如我采访博物馆馆长贝阿媞丝·德·普兰瓦（Béatrice de Plinval）女士时她所说的："最难得的是我们保存着非常完整的文献——240多年间我们制作的50万件珠宝的所有原始草图。我能准确地知道我们的珠宝在世界的分布。从1780年至今，从尚美巴黎的创始人到今天的第十三代工坊大师，还有谁能有此从无间断的经历，记录着尚美巴黎更是法国珠宝的辉煌呢！"真是不可思议，通过那美丽优雅的英式书写体，我们可以一窥尚美巴黎贵族名流主顾们留在时光投影中的对珍宝的偏爱：欧仁妮皇后喜欢黄色的钻石胸针，波多卡公主钟爱18行珍珠项链，印度大公钟情祖母绿镶嵌的冠冕……尚美巴黎用一种坦然的俯视姿态，无声地见证着法国珠宝风格的衍变，记录着属于法国与自己的历史，更确立了自己在行业内难以被超越的王者地位。

尚美巴黎并不需要被太多人参观。这是一种贵族特有的骄傲与低调，就像那些深藏于古堡深处的家谱，虽被精心呵护，但永远只在家族内部传承，仅在另一位王室访客面前展现。某种程度上，它更像是一本回忆录，记载着从尚美巴黎的视角所看到的那些风流、那些变革、那些繁盛和衰落、那些风采与格调。这里的每一顶皇冠、每一件珠宝都珍藏着无与伦比珍贵的记忆，承载着世代皇室、贵族的眷顾，经过无数艺术大师之手的温情抚摸，在岁月中熠熠发光。

在博物馆消磨了整个下午后，我带走的纪念物或许有点另类，不是那些精巧的冠冕模型，也不是拿破仑一世的仿制加冕油画，而是一本1992年出版的尚美巴黎历史画册。那里面有着尚美巴黎访遍全世界博物馆后严谨整理出的所有尚美巴黎珍藏。当我翻开它时，恍然有了一种强烈的感觉。那一瞬间，我似乎已经把博物馆藏在人们视线之外的另一部分珍品也带了回来。

# 麦穗冠冕

*1810 年*

黄金、银、钻石

© Simone Cavadini@Talent and Partner—Chaumet

麦穗在古罗马神话中被认为是丰收女神克瑞斯（Ceres）的标志，象征着繁荣与丰产。在法兰西第一帝国时期，麦穗成为深受欢迎的珠宝主题，拿破仑一世的两任皇后都以麦穗为主题设计、订制了众多奢美珠宝。第一任皇后约瑟芬还很喜欢佩戴麦穗造型的冠冕。这款金银质地的麦穗冠冕造型独特，不对称的构思震惊了 19 世纪初期的大众审美，各种机关设计更是惊艳不凡。它由 9 支麦穗组成，镶嵌着总重为 66 克拉的老式切割钻石。麦穗轻盈又极富动感，就像一束随风摇曳的真麦穗，体现了那个时代法兰西帝国的摩登格调。

# 谁曾拥有它：约瑟芬皇后

她的人生本已不缺乏故事，而作为皇后，那些她佩戴过的珠宝更成就了她的传奇。1795 年，已经有两个孩子的约瑟芬·德·博阿尔内（Joséphine de Beauharnais）认识了还没成名的拿破仑，次年成婚。1804 年年末拿破仑称帝，她也成了约瑟芬皇后。两人非常相爱，拿破仑不仅总给她写甜言蜜语的情诗，在她的珠宝委托商退休之际，还特别为她将尼铎任命为皇后御用珠宝商。拿破仑希望表达自己对艺术的热爱，更是在宣示权威，他非常热衷为皇后参谋衣着还有订制珠宝。约瑟芬当然乐得接受，她也的确很有品位和鉴赏力。在她最爱穿的低胸修身的古典装束下，每天上演着冠冕、耳饰、项链、手链、戒指等全套的奢华珠宝大秀。

# 洛伊希腾贝格冠冕

*1830—1840 年*

黄金、银、祖母绿、钻石

这件冠冕也和拿破仑一世的皇后关系深远，它来自洛伊希腾贝格（Leuchtenberg）家族，这个家族是约瑟芬皇后的直系后裔。它演绎了自然主义风格，也是尼铎二代传人让－巴提斯特·弗森（Jean-Baptiste Fossin）的典型作品。冠冕的金银托架华丽丽地镶嵌着 698 颗钻石和 32 颗祖母绿，中央花朵的花心镶着一颗近 13 克拉重的产自哥伦比亚的祖母绿并顺应祖母绿的晶体形状被切割成六角形。除了运用了无数珍罕的宝石，这件冠冕还拥有尚美巴黎引以为傲的两大特色：冠冕由可拆卸的八部分组成，每一朵花饰都可以拆下，灵动各异的设计让人可以将单独的花饰随心地当作发饰或胸饰；冠冕还运用了精妙的可颤动式宝石镶嵌工艺，它会随着皇后的每一次移动而微微颤动，想来必是风姿绰约。

# 三色堇冠冕

*约 1850 年*

黄金、银、钻石

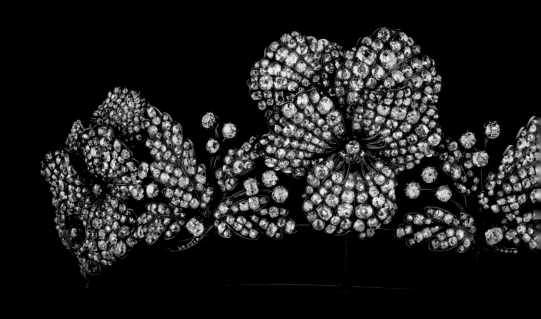

© Simone Cavadini@Talent and Partner—Chaumet

这是弗森兄弟另一件自然主义风格的冠冕，密镶美钻的三色堇是冠冕的主角。在法国，三色堇的花语非常浪漫——"我想你，请你也想起我"，它总被用于传达私密情怀。这件冠冕上有三朵三色堇，三朵都可以从冠冕上拆下，作为胸针佩戴。这种可转换式珠宝堪称尚美巴黎浪漫主义风格的典型代表。

冠冕设计简洁到冠冕更像是发箍，半闭合的造型更适合日常佩戴，尽量少用金属让其戴起来轻盈自如。由尚美巴黎开创的这类由花朵、果实、叶子、鸟羽、麦穗和交织蝴蝶结组合而成的冠冕，装饰在当时众多欧洲贵族和美国新贵们的头顶。法国大革命时期的人们更加渴望和平和自由，向往纯真平静的自然元素。

# 蜂鸟白鹭羽饰冠冕

*1880 年*

黄金、银、红宝石、钻石

新艺术运动时期推崇自然至上，精灵般的鸟儿成为珠宝的灵感主角。约瑟夫·尚美的这件蜂鸟白鹭羽饰冠冕就是那个时期的代表大作。它既可作为胸针佩戴，也可搭配一根羽毛化身为羽饰冠冕。这件蜂鸟白鹭羽饰冠冕更像是一件头饰，羽毛的加入让珠宝更轻盈鲜活。让固定的珠宝动起来是为了迎合当时的流行风潮，就像是戏剧中名伶的装扮，是名流贵族夜夜笙歌的服饰亮点。

冠冕的金银雕刻细腻灵动，飞翅和羽翎栩栩如生，鸟身密镶各种方式切割的珍贵钻石和红宝石。构思巧妙的镶嵌方式逼真地呈现了每一根羽毛，让珠宝蜂鸟更显轻盈灵动，完美捕捉了天堂之鸟的精巧与优雅。

© Simone Cavadini@Talent and Partner—Chaumet

# 粉红托帕石冠冕

## 约 1890 年

黄金、银、钻石、托帕石

这件冠冕是典型的维多利亚风格。丝带般精巧的蝴蝶结，花叶、枝蔓的蜿蜒的线条营造出奢华的美感，细腻的镶嵌工艺令珠宝更轻巧优美、女性化十足。粉红托帕石的使用是维多利亚时代后期珠宝工匠冲破传统、大胆运用新材质的表现。不闭合半包围的冠冕设计也是一大突破，使之戴起来更加轻便而自然。冠冕已不再是皇室的专利，很多富家美眷出席聚会、观看演出都会佩戴这种个性化、便于搭配礼服的冠冕。

© Simone Cavadini@Talent and Partner—Chaumet

# 蔓叶状冠冕

*1908 年*

钻石

在这件 20 世纪初的冠冕作品上，我们可以发现当时皇家冠冕的设计和工艺开始向艺术化发展。约瑟夫·尚美（ Joseph Chaumet ）为塔卢埃（ Talhouet ）侯爵夫人制作了这顶蔓叶状冠冕，其环形藤蔓的设计灵感来源于路易十六时期的铁艺品，它带着明显的 18 世纪末新古典主义风格的曼妙，还呈现出带有建筑灵感的硬朗姿态。细细赏鉴，这顶冠冕虽没有巨大的钻石，但是饱满的设计展示了奢华大气，扭转的枝蔓增添了圆润优雅。

© Simone Cavadini@Talent and Partner—Chaumet

# 金钟花冠冕

*1919 年*

铂金、钻石

这顶金钟花冠冕是杜德维尔公爵（Duc de Doudeauville）为送给女儿海德薇与波旁－帕尔玛王子西斯（末代奥地利王后、匈牙利女王齐塔的兄弟）作新婚礼物而特别向尚美巴黎订制的。杜德维尔公爵是尚美巴黎举足轻重的贵客，曾多次大手笔从尚美巴黎订制高级珠宝。

冠冕依然是自然主义风格，7 枚"梨形"钻石熠熠生辉。20 世纪初，铂金的运用给钻石带来更多可能，铂金温润的光泽把钻石映衬得更加闪亮。整件作品工艺非常细腻，还采用了尚美巴黎的独门绝技：在隐秘的"梨形"托架上巧妙镶嵌多颗钻石，镶嵌结果浑然一体，仿佛那就是一整颗梨形美钻。

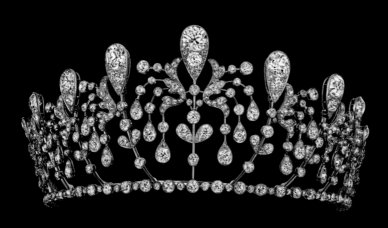

© Simone Cavadini@Talent and Partner—Chaumet

# 约瑟芬皇后冠冕

*2012 年*

铂金、钻石

从某种意义上讲，拿破仑一世的第一任皇后约瑟芬给皇室专有、高高在上的冠冕赋予了新的定义，添加了一抹浓浓的时尚气息。尚美巴黎创始人尼铎的天赋，成就了无数美妙珠宝。2012 年，尚美巴黎凭借其超过 232 年的精湛冠冕制作艺术，重塑约瑟芬皇后的优雅形象，推出这款当代珠宝头饰。它重新演绎了那个美好年代象征欢乐聚会的羽饰冠冕，采用以苏格兰女王命名的"玛丽·斯图尔特"式托架，用柔和的弧形线条表现新时代曼妙迷人的摩登女性气质。虽不能做一回皇后公主，却依然可以体会皇家风范。

# 炫彩花园冠冕

*2017 年*

白金、玫瑰金、钻石、石榴石、
绿碧玺

2017 年 4 月，拥有 237 年历史的法国珠宝和时计世家尚美巴黎在北京故宫博物院举办了一场"尚之以琼华——始于十八世纪的珍宝艺术展"，在展览中尚美巴黎特邀伦敦中央圣马丁艺术设计学院的学生放开想象创作了一款 21 世纪冠冕。在尚美巴黎自然主义创作传统和《法式花园》一书的启发下，英籍学生斯科特·阿姆斯特朗（Scott Armstrong）设计的这件现代法式花园造型冠冕脱颖而出。这款冠冕的线条简洁直接，现代感十足，宛如一幅立体的建筑。整体的对称性不时在细节处被打破，大胆启用炫彩的碧玺与石榴石搭配钻石，镶嵌错落有致，繁乱有序。既有传统法式花园的恢宏气势，又不乏未来感的巧思妙想，整体造型还千丝万缕地连接契合着尚美巴黎的独特艺术风格。

© Simone Cavadini@Talent and Partner—Chaumet

# 13 普福尔茨海姆首饰博物馆

Schmuckmuseum Pforzheim

## 在这里发现一部珠宝史

在这儿：德国普福尔茨海姆

摄影 / Valentin Wormbs、Günther Meyer

发现普福尔茨海姆首饰博物馆（Schmuckmuseum Pforzheim）完全是一场意外。每年一次的瑞士巴塞尔国际钟表珠宝展前后，我都争取不枉欧洲之行要去周边逛逛。这一年我的目标锁定在德国西南小城普福尔茨海姆。一座小城却有着"黄金之城"的大名，早已让我好奇心大动。

普福尔茨海姆的位置很有讲究。像是命中注定，它地处黑林山北缘，在恩茨河、纳戈尔德河和维尔姆河交汇处，地理位置很好，既适合小城的工匠依山傍水潜心精进工艺，河流交汇处又是贸易流通的好地势。"黄金之城"的历史可以追溯到 1767 年，巴登公爵卡尔·弗里德里希（Karl Friedrich）结束了他在瑞士和法国的生意，来到当时经济低迷的普福尔茨海姆并扎根下来。他不仅建立了珠宝和手表工坊，转年还开办了黄金加工和钟表制造学校，看来是认准了这个行当。事实证明巴登公爵很有眼光，两个半世纪之后的今天，普福尔茨海姆成为德国重要的珠宝和钟表行业中心。即使历经多次战争，它依然坚强地生存下来，成为今天的"黄金之城"。

手工匠人日复一日、年复一年的劳作擦亮了"黄金之城"的匾额，也换得了一份难得的平静。信步小城，在绿树水波间呼吸着这份安详，我沿着小路发现了普福尔茨海姆首饰博物馆。谁能想到一座珠宝博物馆不是巴洛克或是装饰艺术风格的古老楼阁，而是眼前这座方方正正充满着现代感和艺术气息的建筑呢？博物馆建筑罗赫林大楼（Reuchlinhaus）是 1957 年左右建成的作品，命名是为了致敬小城最引以为傲的著名学者、作家、律师约翰内斯·罗赫林（Johannes Reuchlin，1455—1522）。也许有人觉得收藏这么多古老珠宝的博物馆应该有个古董的样子，馆长的想法却并非如此：虽然博物馆藏品记录历史，但它毕竟是建给当代人欣赏的。这么说也挺有道理。

步入博物馆大门，我听到操着浓重德国口音英语的工作人员的亲切讲解，巨大的反差感瞬间扑面而至。原来置身之地绝不是一所当代艺术博物馆，这里是全世界最大的珠宝专门博物馆。"From Antiquity to the Present，From all over the World"，超过 2000 件的珠宝收藏不仅跨越漫漫 5000 年历史，还涵盖所有珠宝风格。

对于一个珠宝迷来说，这里就像一个意外发现的大宝藏。的确，你可以在很多世界闻名的博物馆里看到不少珍罕的珠宝藏品。如果从珠宝收藏的广度和跨越年代方面考量，普福尔茨海姆首饰博物馆是全世界的唯一。这里收藏了从公元前至今跨越 5000 年的西方珠宝，馆藏之全之细极为难得。参观者可轻易从这里找到公元前 7 世纪的青铜手镯、古埃及的彩陶护身符项链、伊斯兰风格的戒指，还会对伊特鲁里亚的金工、拜占庭的繁复雕刻、匈牙利的精工珐琅赞叹不已。我最爱的新艺术风格珠宝在此藏品极全，大师勒内·莱俪（René Lalique）的众多代表作品占据很大部分的展柜，看得真是过瘾……想不到一座并不算大的博物馆竟然承载了一部珠宝史，却又如此低调，这可能就是德国人的做事风格吧。

# 镶石榴石的黄金灵蛇手镯

*公元前3—前2世纪*

黄金、石榴石

作为古希腊、古罗马时期最受欢迎的护身符造型，这款蛇形手镯不仅展现了高超的珠宝工艺，还为珠宝工匠提供了一个从自然主义图腾到抽象装饰品蜕变的完美契机。两条蛇尾结成八字结，蛇骨中间镶嵌着一枚石榴石，整件作品浑然一体，体现了那个时期开放奢华的生活态度。

蛇在很多古老文明中有着重要地位，古埃及人相信蛇象征着重生和不朽，希腊神话中蛇代表着治愈和再生。到了维多利亚时代，蛇形珠宝又受到格外的追捧。维多利亚女王将蛇图腾视为自己的护身符。在加冕仪式后的第一次议会上，维多利亚女王戴了一只蛇形手镯，她希望自己能够拥有"蛇的智慧"，期望以智慧治国。如今，蛇形珠宝的神秘气质依然吸引着很多个性鲜明的人。不同的是现代人更多撇开了写实感的蛇图腾，追求抽象设计的蛇形珠宝。

## 伊特鲁利亚金工

必须提到的是，公元前 600 年左右的伊特鲁利亚珠宝是金石工艺历史上的第一个高潮，金银细丝工艺和金珠工艺发展到前无古人、后无来者的完美时期。公元前 5—前 2 世纪，古希腊金工业开始兴起并繁荣。繁复的主题，多样的个性化元素，精湛的手工技巧，纯熟的金属工艺，这一切都把原始金石工艺推向了顶峰。当时的作品以黄金为主要原料，除了戒指极少使用稀有宝石。后来在古希腊时期向古罗马时期过渡时，宝石才变成了常见的元素。

# 4400 年前的
# 黄金耳环

*公元前 2400—前 2200 年*

黄金

珠宝的起源可以追溯到整个人类历史的开端——那个由神秘主义和传奇色彩笼罩的黑暗时代。对生殖力和捕猎能力的依赖和崇拜，让人类把所有对生存与繁衍的希望都寄托在护身符上。这个体积小巧、可随身携带的个人装饰品便是珠宝的雏形。最古老的珠宝作品可以追溯到公元前 3000 年，也就是我们常说的青铜时代。

金丝绕成的篮状圆环连接着 5 条精巧的金链，黄金树叶形吊坠展示了细腻优雅的美感。不论是设计，还是工艺，这件作品都能从同时代作品中脱颖而出，它同时也展现了早期青铜时代高超的金石工艺和技巧。

# 拜占庭风格
# 项链

*6 世纪*

黄金、珍珠

罗马珠宝从伊特鲁利亚珠宝发展而来，有着浓郁的古希腊风格，承载了古希腊风格后期的丰富色彩和造型。尽管单件作品对细节的追求有所减弱，个人同时佩戴的珠宝种类和件数却有所增加。其间，位于罗马帝国东部的拜占庭艺术异军突起。浓郁的宗教意味加上波斯、印度风格的影响，造就了以镶嵌珠宝和珍珠为主要风格的拜占庭风格珠宝。拜占庭风格珠宝还以精美高超的珐琅工艺而闻名。

这款作品中浮雕人像的面孔正是拜占庭皇帝，十字花形连成的长链缀满珍珠。尽管有些珍珠已经遗失，但依稀能看出项链拥有者至高无上的地位。这款奢华稀有的长链应该是皇帝赐给最尊贵的宫廷大臣的装饰物，很可能来自提比略（Tiberius）皇帝本人。黄金项坠上帝王的首饰佩戴也是珠光宝气。

# 珐琅圣物箱吊坠

*1400 年*

黄金、珐琅、水晶

整个中世纪，贵族和教堂是金工匠人的主要客户，平民被严格限制佩戴装饰性珠宝，这样的规定甚至被写进法律。珠宝是极少数人才能佩戴的稀缺资源，因此这个时期流传下来的作品非常少。直到后哥特时期，阿尔卑斯山之南开始出现了文艺复兴的萌芽，法国尤其是勃艮第等地区的宫廷贵族开始兴起一种与众不同的奢华文化。此时的珠宝充满了丰富的寓意，反复出现的树叶和植物造型成为最好的证明。

神像采用色彩斑斓的珐琅工艺制成，底座的两块长方形造型选用了水晶。奢华艺术的色彩搭配使得文艺复兴风格初见端倪。

# 斑斓色彩鹦鹉吊坠

*1560—1570 年*

黄金、钻石、宝石、珍珠、珐琅

明快的色彩，丰富的主题，广泛的原料和选材，多样的造型……正是这些富有生命力的关键词成就了文艺复兴时期的珠宝风格。奢华的社交生活不仅风靡欧洲宫廷，也在富有的中产阶级中兴起，越来越多的人开始选择用珠宝来体现自己的地位和品位。早期巴洛克风格仍然视色彩的运用和宝石的选取为珠宝的灵魂。同时，多面精巧切割的钻石开始流行，并逐渐成为高级珠宝的主流趋势。

作为文艺复兴时期的典型代表作，这件作品用丰富的选材和活跃的色彩阐释了文艺复兴珠宝的精髓。掐丝珐琅工艺被纯熟运用，细致入微，色彩搭配愈发成熟，钻石、宝石、珍珠与珐琅协调呼应，色调热烈、唯美。鹦鹉是圣母玛利亚的象征，兔子和蜗牛则代表了西方价值观中女性的美德，这枚吊坠寓意深刻。

# 华丽黄金珐琅胸针

*1700 年*

黄金、钻石、珐琅

珠宝艺术经历了巴洛克和洛可可时期的繁复和华丽，步入古典主义时期（Classicism）和比德迈尔时期（Biedermeier），18 世纪后半叶的珠宝把目光投向了古典艺术。随着 1748 年庞贝古城的逐步出土，优雅精致、线条流畅的古典艺术，尤其是古典建筑成为艺术家的主流爱好，当时的时尚和珠宝崇尚古典希腊艺术。在比德迈尔时期，珠宝未呈现出任何传承性的历史元素，但它却拥有了一个重要功能：充当友谊和特殊仪式的纪念品。这种充满情感、回顾性的作品成为历史主义风格的先兆。

这件极尽华丽的胸针作品设计于 1700 年。金丝盘绕的花朵镶嵌颗颗钻石，钻石虽然受当时的切割工艺所限并不璀璨，但扑面而来的贵气依然难挡。花瓣巧妙地用珐琅呈现出了层次，蜿蜒缠绕的金工延续了洛可可风格的繁复和华贵。

# 融汇风格黄金宝石手镯

*1860—1865 年*

黄金、红宝石、祖母绿

1840 年后，历史主义如期而至。19 世纪末，历史主义风格珠宝从哥特、文艺复兴、伊特鲁利亚、古埃及以及亚述人和摩尔人的艺术中汲取营养。在同一件作品中，我们能看到不同历史风格的融合，在一件珠宝上常常能看到文艺复兴主题、哥特式宝石镶嵌以及埃及和希腊细节元素融合的奇特景象。当时最著名的珠宝工匠都在用自己独特的方式诠释着历史主义的含义。

这件作品是艺术大师米开朗琪罗·卡塔尼（Michelangelo Caetani）的设计，意大利顶级的珠宝工匠奥古斯托·卡斯特拉尼（Augusto Castellani）的手艺让整个作品更加完美。四条首尾相连的蛇围绕在中古时期的怀旧造型宝石周围，展现了无与伦比的华丽和大气。蛇的鳞片雕刻精美，蛇头顶金粒的工艺很显功力。红宝石和祖母绿的搭配凸显了异国灵感的深刻影响。

# 德国新艺术
# 奇幻胸针

*1900 年*

黄金、巴洛克珍珠、彩色宝石

19 世纪末，一场有关精品艺术、手工业和建筑业的运动在法国和德国悄然兴起，几年后风靡欧洲，在1900年的巴黎博览会上达到顶峰。在之后一个多世纪都极受追捧的新艺术风格与历史主义风格大相径庭，取材完全来自大自然：女性、动物、植物成为最受欢迎和最具象征意义的艺术造型。这一时期的翘楚当属法国艺术家勒内·莱俪。他革命性地冲破了传统的束缚，取得了珠宝在主题、选材和形式上的真正突破。

这枚奇幻胸针上的章鱼与蝴蝶是新艺术运动时期常用的图案，二者融为一体。胸针由威廉·卢卡斯·冯·克拉纳赫（Wilhelm Lukas von Cranach）设计、路易斯·韦尔纳（Louis Werner）制作。克拉纳赫采用巴洛克珍珠和黄金塑造章鱼的外形，采用彩色宝石塑造蝴蝶的翅膀。无论是造型，还是工艺，它都可谓是新艺术运动时期德国最杰出的珠宝作品。

# 14 北欧博物馆

Nordiska Museet

## 珠宝设计北欧风情

在这儿：瑞典斯德哥尔摩

早就听说瑞典的首都斯德哥尔摩被水环抱，被人们称为"北方威尼斯"。我来到这里就发现，整个城市的确由无数大大小小的岛屿组成，其中绿意盎然的动物园岛（Djurgården）是必逛的景点之一。动物园岛这个名字听起来很奇特，这是拜 16 世纪的一个国王所赐。他在岛上画了个圈、养了群动物，久而久之动物园就变成了岛的名字。动物园岛一直以来都是皇家花园，岛上还有座雄伟壮观的城堡，我觉得它看起来好像《安徒生童话》里王子住的地方。不过，别看城堡古色古香，其实现在的建筑 1907 年才建成，专门收藏与人文相关的古董。这里就是北欧博物馆（Nordiska Museet），也是瑞典最大的历史文化博物馆。

北欧博物馆收藏了 16 世纪以来一切与瑞典历史文化相关的物件，其中首饰就有上万件。想要知道斯堪的纳维亚人戴什么样的珠宝，这里可是绝对的权威。博物馆始创于 19 世纪，那时瑞典正从农业国迅速发展成工业国，人们离开农村流入城市，许多民俗传统也随之渐渐失传。为了保护这些流失的文化，于是北欧博物馆成立了。

博物馆收藏物品的原则是藏品一定要与瑞典人有关系，可以是瑞典工匠制作的工艺品，或者它们曾经被瑞典人拥有。据说，最早的那些藏品是一群学生从瑞典各地收集来的，他们在收集时会详细采访原主人，记载佩戴习俗等信息。从现在的档案中还可以查到许多珍贵资料，如生活在 20 世纪 20 年代的 70 岁老人告诉他们老一辈是如何佩戴珠宝的。

我之前去过的大多数博物馆，其藏品要么价值昂贵，要么历史悠久，北欧博物馆最不一样之处就是以人为本，珠宝与身份之间的联系才是这里最令人感兴趣的题材。这里的收藏囊括了社会的各个层次，上到皇家冠冕，下到百姓衣扣，没有特意强调珠宝的价值，背后的那些故事才是重点。珠宝本身是冰冷的，经人佩戴过才变得鲜活而有意义。一件珠宝来自哪儿、谁戴过它、怎么戴、为什么戴，北欧博物馆的每件珠宝都能讲出一长串故事，通过古董看人文才是历史研究的精髓意义。

北欧博物馆一直在默默地收集着珠宝，直到 2012 年博物馆才决定划出半个长廊把它们展示出来。说起来这个珠宝展的诞生还真是机缘巧合，当时博物馆的储藏室正准备搬家，于是工作人员趁机把一些代表性的珠宝藏品拿出来掸掸灰、晒晒太阳。决定了制作珠宝展后，博物馆的工作人员还专门去了巴黎的装饰艺术博物馆、伦敦的维多利亚和阿尔伯特博物馆取经。展览负责人海伦娜·林德罗特（Helena Lindroth）告诉我，当时巴黎、伦敦的专家听说北欧博物馆收藏了那么多民众使用过的古董珠宝都特别羡慕，那时她才明白自家的收藏是多么独一无二。原本只打算展出一年的珠宝展开幕后极受欢迎，现在已变成长期展览。

整个展览分 6 个部分，共展出 1000 件珠宝。一进门首先看到的是亮点展柜，不容错过的展品都被集中在了这里，贴心地准备给那些远道而来赶时间的参观者。精华展品主要来自王室、贵族和名人，件件都大有来头。接下来展出的是设计发展史，言简意赅地介绍了近几百年来北欧珠宝在风格上的蜕变，并用古董珠宝作示范。

剩下的 4 个部分分别以珠宝的不同用途为主题。"时尚、地位和身份"部分探讨了珠宝作为人的延伸，它可以代表外界赋予的身份，也可以是发自内心的个性展示。人生最戏剧性的时刻莫过于婚礼和葬礼，"喜悦和悲哀"部分述说了珠宝如何伴随人一生的悲欢离合。不过珠宝最原始的作用并不是它所代表的众多意义，而是古人绞尽脑汁想把衣服固定在身上这种很实际的原因，"固定衣物"这个主题就由此而来。最后是"珠宝和头发"展柜，里面既有装饰头发用的冠冕，也有用发丝编织出的首饰。

这些主题光想想就有无数有趣的话题。千百年来，佩戴者把金属和石头变成传递情感的有含义的珍贵礼物。

# 文艺复兴蓝宝石项坠

*1581 年*

黄金、珐琅、蓝宝石、珍珠

作为整个展览的标志，这个曾经属于古斯塔夫·巴内尔（Gustaf Banér）的项链坠饰是展览中最重要的珠宝。由黄金和红色珐琅制成的字母内挂着一颗不规则的蓝宝石，它代表着真理和忠诚。项坠最下端坠有一颗珍珠，这是典型的文艺复兴风格。1600 年，巴内尔在林雪平（Linköping）血案中被抓。行刑前一天晚上，妻儿到狱中道别时，他取下了这条项链，把它交与家人。这条项链被完好地保存了下来。一件文艺复兴时期的珠宝，并配有详细的历史记载，可谓是稀世之宝。

GUSTAF BANÉR 1547-1600

# 谁曾拥有它：贵族古斯塔夫·巴内尔

在瑞典的北欧博物馆,古斯塔夫·巴内尔当然被视为一个传奇人物,和他相关的藏品也被奉为非常重要的收藏品。

古斯塔夫·巴内尔是 16 世纪瑞典的一个贵族,年仅 23 岁就被约翰三世国王选入了枢密院,也就是国王的顾问团,之后又成为东欧多个附属国的执政官。大概是他前半生太过风调雨顺,后半生在王位争夺战中跟错了王,1598 年古斯塔夫·巴内尔及其他枢密院成员与国王意见相左,最终被判处死刑,结局悲惨。

这枚吊坠他一直随身佩戴,据猜测是他妻子克里斯蒂娜·斯图尔（Christina Sture）送给他的结婚礼物,外形是她名字首字母 C。将名字的第一个字母作为珠宝装饰元素在文艺复兴时期十分流行。

# 复杂机关纪念婚戒

*16 世纪初*

黄金、蓝宝石、红宝石、祖母绿、
水晶、珐琅

这枚黄金宝石戒指是 16 世纪斯坦·斯图尔（Sten Sture）和克里斯蒂娜·于纶谢娜（Kristina Gyllenstierna）的婚姻纪念戒。斯坦·斯图尔是瑞典 16 世纪初的摄政官，位高权重。戒指的内侧刻着"无人能将神结合的人分开"的字样。戒面上包围镶嵌着蓝宝石、红宝石、祖母绿和水晶，戒指两侧有手捧红心的设计，传递着两人的爱心和情义。戒指设有巧妙的机关可以转开，里面有一具小巧的黄金骷髅骨架，这在西方寓意长久。可惜天意没让这段婚姻维持到天荒地老，男主人不到 30 岁就战死在沙场，之后其妻继承了丈夫的遗愿，继续和丹麦战斗。

# 发丝编制手链

*1863 年*

黄金、珐琅、头发

19 世纪，用发丝做的首饰在瑞典依然非常流行。人们乐于把它戴在身上，以时刻惦念家人，既有装饰作用又意义非凡。这成为欧洲百年的潮流，工艺也是愈发登峰造极。工匠甚至能把发丝编出复杂的花纹，因为头发特有的性质可以让镂空设计非常轻盈，并且还富有弹性。这条手链融合了一家三个孩子的头发，长的部分来自两岁的妹妹，中间的小球分别来自四岁和六岁的两个哥哥。小巧的锁扣用黄金制成，上面还装饰着可爱的珐琅。

# 心形坠饰水晶
护身符

*1650—1750 年*

铜、水晶、牛皮

有些珠宝戴起来并不是为了让别人看见，而是为了让自己安心。这条长链是在厄兰岛（Oland）出土的文物，谁曾拥有它已不得而知。根据外形和材料不难看出，它的主人将它视为护身符。铜质项链上挂着一颗超大的水晶，水晶从数百年前就被视为是有治疗功效的圣石。水晶下面连着一个牛皮制成的心形坠饰，据推测它应是爱情的信物。

# 北欧萨米人
# 穿戴银饰

*19 世纪初*

银、羊毛

欧洲现今唯一的游牧民族就住在北欧的北部，他们称自己为萨米人。历史上，萨米人主要以养殖驯鹿、打猎等为生，他们自中世纪起与维京人进行商业交易。他们翻山越岭来到挪威的卑尔根，用兽皮换取银饰品，那些换得的饰品大多来自瑞典南部或德国北部。萨米人的传统并不是把银饰制作成珠宝佩戴，而是用它们来装饰衣服。银饰成了服装的一部分，更可以凸显身份和地位。

# 希腊神话浮雕套装

*1820—1830 年*

黄金、孔雀石

索菲亚女王与英国维多利亚女王是同一时代的人，是最后一位同时拥有瑞典和挪威两个国家的女王。这套绝美的黄金孔雀石珠宝套装印证了她的实力和审美，冠冕、项链、胸针、手链、耳环一样都不能少。这套珠宝出自法国金匠西蒙·佩蒂托（Simon Petiteau）之手，累丝、累珠金艺几近登峰造极。一枚枚八角形的孔雀石雕刻着希腊神话故事，绝无重复，各有千秋，其风格深受丹麦著名雕刻家巴特尔·托瓦尔森（Bertel Thorvaldsen）的影响。

# 全套葬礼黑暗首饰

*1884 年*

煤精、玻璃、金属

18 世纪下半叶，黑暗珠宝在欧洲广为流行，起初在葬礼上佩戴，后来成了一种珠宝时尚。黑色珠宝源于英国维多利亚女王，丈夫早逝后她就常年穿着黑色的衣裙以及佩戴黑色的珠宝，以怀念亡夫阿尔伯特亲王。被用于做黑色珠宝的材质主要是黑玛瑙和煤精。这套葬礼首饰来自一位女士的捐赠，非常完整，包含手镯、耳环、项链、吊坠、胸针、怀表链，甚至还有鞋扣。这位女士的丈夫 1884 年去世，此后这些葬礼首饰陪她走完剩余的整整 54 年。

# 新娘圣洁王冠

*1769 年*

银、镀金

新娘佩戴皇冠的传统最早出现在中世纪，大约16世纪初传到瑞典。在天主教传统中，婚礼上的新娘在人们心目中如同圣母玛利亚一般神圣。每当举行婚礼时，当地的教堂都会把平时戴在玛利亚神像头上的皇冠给新娘佩戴。圣母不仅至高无上，还代表了贞洁，所以只有处女才能佩戴玛利亚的皇冠。当时的传统是新娘结婚后不能太快生小孩，一旦被怀疑"先上车后补票"还会被罚款，这些罚款会专门用于镀圣母玛利亚的皇冠。这顶银质皇冠来自维默比（Vimmerby），由一名叫作乔纳斯·于奈尔的银匠制作。

# 15 苏格兰国家博物馆

National Museum of Scotland

## 爱丁堡城里的珠宝传奇

在这儿：苏格兰爱丁堡

前几年的那场公投让苏格兰吸引了全世界人们关注的目光，其实除了追求独立的风范，千百年来苏格兰神秘、有趣的文化已成为它独树一帜的风格标签。独特的苏格兰穿越千年、辉煌传奇的珠宝史，更如磁石般吸引着我去探宝。

每每提到苏格兰，我眼前出现的总会是一幅穿着格子裙的男性站在广阔的高原上吹风笛的景象。别看苏格兰人烟稀少，可它真出过不少名人，发明家有詹姆斯·瓦特（James Watt），作家有柯南·道尔（A.I.Conan Doyle）。苏格兰还有大好山川和草原，"哈利·波特"表示为自己的家园自豪。

作为苏格兰文化和历史的"首席护旗手"，苏格兰国家博物馆（National Museum of Scotland）当属最具权威的苏格兰"专家"。它成立于1985年，听起来历史好像并不悠久，其实就是1985年苏格兰考古博物馆和苏格兰皇家博物馆两座重磅级博物馆被合并再新取了个名字。苏格兰国家博物馆坐落在爱丁堡市中心，共占了两栋建筑。一边的现代建筑内以苏格兰本土展品为中心，另一边的罗马复兴式建筑展出的则是科技、自然和世界历史类藏品。1996年轰动一时的世界上第一只克隆动物多利羊的标本就收藏在这里。

馆中除了有多利羊标本和路易斯岛棋子（Lewis Chessmen）等国宝级收藏，还有众多精美的珠宝饰品。其中最具特色的就是那些与苏格兰发展史紧密相连的藏品。

自打苏格兰人有记忆起，他们就一直在为自由而争战，先是古罗马人，然后是维京人，跟英格兰更是打打闹闹几百年。这不，2014 年 9 月还就要不要跟英国"离婚"的问题全民大选了一次，最后还是决定"分手"。在那些纷争不断的岁月里，苏格兰每个时期都在吸收着从四面八方涌进的时尚潮流，同时它也成功地保持了自我。不论是古罗马的金匠工艺，还是北欧的原始设计，苏格兰人都能把它们转变成自己血液中的一部分。比起英吉利海峡对岸某些喜欢追求极端华丽的国家，苏格兰的设计一贯崇尚的都是实用，甚至说有些朴素，不过这更让它多了份自然和醇厚。

我一度觉得有点遗憾，苏格兰国家博物馆并没有把珠宝饰品集中展出，而是根据年代把它们分散在各个不同的苏格兰历史展区。但后来发现，这样逛下来，一边了解当时的社会民俗，一边探寻珠宝经历过的故事，反而可以通过背景更深刻地了解这些传奇珠宝。毕竟它们当中许多不仅是一件艺术品那么简单，而是在苏格兰近 2000 年的历史中起到过举足轻重的作用。抬眼望去，高原国王的胸针，断头女王的项链，落荒王子的银瓶，真是既欣赏了珠宝又大观了历史。我相信很多藏品存在的意义已大过它的观赏价值，如此看来珠宝美丽的外貌可以说是额外的福利了。

# 苏格兰女王心形吊坠

*16 世纪末*

黄金、钻石、红宝石、缟玛瑙

苏格兰女王玛丽一世（Mary Ⅰ）死后被广大天主教徒视为殉教者，所以她的遗物被他们所珍藏，至今仍有不少流传在世。佩尼库克（Penicuik）珠宝是克拉克斯伯爵家族保存下来的玛丽女王遗物，传说女王被囚禁在英格兰时把它们送给了一位仆人，之后珠宝又随那位仆人的孙女陪嫁到克拉克斯家。心形吊坠设计奇特，工艺繁复，变异的心形很有文艺复兴风格，中间的人像浮雕凸显了法国皇家手艺。整件作品工艺华丽绚烂，无数珍稀的彩色宝石被铺张运用。金雕奢华上演，完美的焊接，精巧的扭转，甚至链条都绝不平庸，扭转的金工被"武装"到了所有细枝末节。

# 谁曾拥有它：玛丽女王

苏格兰史上最传奇的统治者莫过于玛丽·斯图尔特（Mary Stuart），出生6天就成为苏格兰女王玛丽一世。她注定一生传奇，5岁被送到法国接受最好的教育，16岁和法国王子结婚，18岁成了寡妇后回苏格兰亲政，被囚禁19年，44岁被斩首结束一生。过于纯正的血统和宗教信仰的差别使她成为英格兰女王伊丽莎白一世最大的威胁，她被囚禁19年后最终走上了断头台。2013年，苏格兰国家博物馆通过玛丽女王的遗物展览向人们展现了她的传奇一生。她一生穿梭于苏格兰、英格兰、法国，其品位和审美有非常独到之处。她热爱珍珠、黄金，热衷很多打破常规的设计，甚至她佩戴的十字架都有独特的造型，这在她生活的16世纪非常创新。玛丽女王在当时可以说是先锋一样的人物。

# 铁器时代
# 黄金项圈

*公元前 300—前 100 年*

黄金

这一组黄金项圈自铁器时代起就躺在布莱尔·德拉蒙德（Blair Drummond）的地底下，至今已2000多年。直到2009年，一位园林管理员第一次拿着金属探测器出门"扫街"，才发现了这组金饰。这4个项圈是迄今为止在苏格兰挖掘出的最震撼的铁器时代的饰品。其中两个看似旋转丝带的金项圈是古苏格兰、爱尔兰特有的样式，另一个断缺的管形项圈则是典型的法国古代装饰。不过论精美，还要数第四个项圈，它的设计还极其独特。它的形状呈现出欧洲西北部风格，但是采用的制作工艺是古希腊、古罗马的，这形象地展示了铁器时代时苏格兰和欧洲大陆之间的商业、文化交流。

# 凯尔特式
# 环形胸针

*7世纪*

黄金、银、琥珀

如果只能看一件苏格兰国家博物馆的展品，那么就毫不犹豫地奔向亨特斯顿（Hunterston）胸针吧。它作为博物馆的镇馆之宝之一，不论是设计、工艺还是血统，各项都是满分。它是典型的凯尔特式胸针，是迄今发现最早、最华丽的近环形胸针之一。用于固定的金针可以在环上自由移动，根据传统佩戴时针尖要朝上。胸针最显眼的地方刻有十字架和光环，此外还有动物装饰。它运用了巧夺天工的花丝和金珠工艺，并镶有琥珀点缀。关于这枚胸针究竟是苏格兰人还是爱尔兰人打造的，考古界众说纷纭，不过可以肯定的是它长久以来都被王族拥有。因为古爱尔兰法律规定，只有王室才有资格佩戴黄金镶嵌宝石的胸针。

# 奢华宝剑
# 权力象征

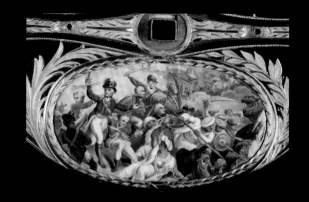

*1799 年*

钢、黄金、钻石、珐琅、
皮革

18 世纪末，英国不断在印度扩张着自己的势力，1799 年 5 月，苏格兰军官大卫·贝尔德（David Baird）征服迈索尔。但大卫·贝尔德的军功被另一位上校剥夺，他的上司看不过，就和将士们制作了这把华丽的宝剑送给他。

宝剑的剑柄由黄金打造，镶嵌着昂贵的钻石，还以高超的珐琅彩描绘了那场战争的激烈场景。后来，大卫·贝尔德的后裔把宝剑赠予了博物馆，永远纪念家族的英雄。

# 3 千克银环链

*400—800 年*

银

这是一组被发现于特拉勃莱因·洛（Traprain Law）的超大型银器收藏，加上残缺的碎片共有 250 件物品，总重足足 22 千克！除了锅碗瓢盆等日用品，其中还有动物形状的把手等各种装饰配件。银器上的花纹是个大杂烩，既有古希腊、古罗马的神话元素，又有基督教的传统标志，好像是从地中海四处搜罗了一通再堆在一起的。不过苏格兰人在历史上可没去罗马抢掠过，所以考古学家们认为这些银器是罗马人自己送的。银器上精美的雕刻显示出它们曾经的主人应是苏格兰的皇室贵族。考古学家核对了其年份，那时正好是罗马帝国统治大不列颠岛的尾声，所以推测这堆银器是罗马政府为保住江山送给苏格兰的贿赂。这条看似平常无奇的银链重达 3 千克，令人啧啧称奇。双环套扣的设计和工艺也非常简练精美。

# 香膏金珠项链

*16 世纪末*

黄金

这条项链由 14 颗较大的金珠穿成，中间间隔着颗颗小珠。大金珠运用了非常繁复的掐丝金工技艺，包括盘绕、扭转、雕刻等技法。苏格兰工匠真是心灵手巧，这些工艺有的被单独运用，有的则被组合运用后华丽亮相在一件珠宝中。这串金链完美结合了各种精妙的工艺，体现了工匠细腻娴熟的超凡技艺。大颗的金珠应该是用来装香膏的，这串项链可谓是一件既可作为装饰又具备实用功能的珠宝。

# 随王子征战的
# 银餐具

*1740—1749年*

银

1745年，英格兰国王詹姆斯二世（James Ⅱ）的孙子邦尼王子查理（Bonnie Prince Charlie）率领苏格兰高地氏族与英格兰军队展开了王权争夺战，这套银质旅行餐具就是他南征北战时随身携带的器皿。历经一年的征战，查理以落败告终，最后落荒逃往法国。这套银餐具也在逃亡途中落入了英格兰军队手中。虽然查理一生从未踏进英国王宫半步，但在詹姆斯党人的眼中他才是真正的英国王位继承人，所以餐具的外壳上刻有代表威尔士亲王的三片羽毛徽章和苏格兰最高贵的蓟花勋章徽章图案。餐具共有31件，其中还有调味瓶、开瓶器等，其精巧程度不在话下。可见就算在征战，查理的生活起居仍然十分讲究。

# 罗马神话
# 主题圣杯

*1905—1906年*

银、鲍鱼贝壳、珐琅

20世纪初，工艺美术运动从英国传遍了西方，由菲比·特拉奎尔（Phoebe Traquair）和她的儿子拉姆齐·特拉奎尔（Ramsay Traquair）共同设计，爱丁堡银匠 J. M. 塔尔博特（J. M. Talbot）制造的贝壳圣杯就是其中的佼佼者。这只圣杯最引人注目的是其用鲍鱼贝壳制成的杯身。贝壳上黄绿紫蓝的色彩冲击浑然天成，回归大自然正是工艺美术运动的中心思想。圣杯上有多幅珐琅绘画，讲述着罗马神话中丘比特与普赛克的浪漫爱情故事。对神话故事和中世纪传说的钟爱是工艺美术运动的另一大特征。设计师菲比·特拉奎尔在苏格兰大名鼎鼎，她是有史以来第一位被选入苏格兰皇家学院的女性。她在世时一直把这只贝壳圣杯摆放在家中，由此可见对它多么珍爱。

# 16 百达翡丽博物馆

Patek Philippe Museum

## 500 年钟表史朝圣地

在这儿：瑞士日内瓦

在日内瓦老城区西南部，有一条叫"老掷弹兵（Rue des Vieux-Grenadiers）"的很短的路。别看它只有短短几百米，只跨越了一个十字路口，但这里却是全球钟表专家、行家、玩家衷心向往的圣地，只因为一家博物馆坐落于此——百达翡丽博物馆。

街道两边的小楼大多建造于 20 世纪 20 年代。1975 年，百达翡丽买下了这条街上的 7 号商铺，作为制造贵金属表壳和链带的 Ateliers Réunis 工坊。1996 年，原工坊迁址到日内瓦郊区的百达翡丽新大楼中，而老厂也并没有闲着。

除了经营这家著名的高级制表品牌，百达翡丽当时的总裁、如今的荣誉主席菲力·斯登（Philippe Stern）个人的一大爱好就是收集、研究古董钟表，而且这一兴趣在其家族中已经传承了几代，累积了数量惊人的高品质古董钟表藏品。在 20 世纪 90 年代新厂筹建期间，斯登就决定待老厂搬空之后，要在此建立私人博物馆，永久展示自己及家族的藏品。

2001 年 11 月，修整一新的老厂大楼正式以百达翡丽博物馆之名开门迎客。这里公开展出的藏品共有 2500 多件，由于真正的收藏要远多于此，因此部分展品会安排轮流展出或借给海外相关机构参展。展品除了跨越 500 多年历史的古董钟表之外还包括古董机械动偶、微型珐琅饰品等与钟表相关的产业留下的古董珍品，以及百达翡丽品牌自 1839 年创立以来的重要作品，同时还收藏了 8000 多本与钟表、手工业、日内瓦历史相关的书籍和档案资料。

参观百达翡丽博物馆是个赏心悦目的过程，而且非常轻松，只要按照馆方建议的路线走，就不会错过任何一个重要的细节。进入博物馆大门，先去地下室免费寄存行李和相机（馆内不允许拍照），随后即可开启领略数百年的时间之旅。底层大厅周边，陈列着一些大型古董手动冲压成型、铣切刻纹、拉伸及弯折金属的机械设备，从保存完好的工位细节可以想象这个古老产业对人力和手工的高度依赖。展区中央有一个用全景玻璃隔离的区域，里面是博物馆的修复车间，如遇工匠正巧在修复古董表，便可一睹难得一见的以"慢工出细活"为特征的制表过程。紧贴玻璃隔墙内的工作台上放置着不少用于精细加工、装饰打磨、检测校正的古董工具，从事修复的工匠们还会时不时地拿它们来使用，不经意地展示出这古老产业历久弥新的秘密所在。

从底层坐电梯直接上到三楼，映入眼帘的场景更像是图书馆。这里有一大半的空间用作藏书和档案收纳，还专门辟出一角布置成亨利·斯登（Henri Stern，菲力的父亲）的书房的格局，墙上镜框里是品牌在各个时期获得的奖章和证书。中央展示区的几组玻璃展柜中是一些斯登家族旧藏的日内瓦珐琅精品。

沿楼梯下到二楼，便一头扎入从 16 世纪至 19 世纪古董钟表的展示区。从文艺复兴晚期游丝、发条等钟表基础技术逐步成型，一直到 20 世纪前夕机械钟表以复杂功能的怀表为代表进入成熟期，这数百年间标志着钟表业前进的每一个关键节点都在这里以实物的形式呈现出来，是一本完完整整的钟表历史现实教程。从意大利教堂钟、天文钟到德国"纽伦堡蛋"；从英国"立柱式机芯"怀表到法国机械计时器；从最初的铃式问表到晚期多簧多锤自鸣表……历史书上的名字与产品尽在眼前，除了惊叹，就是震撼。

继续下行，一楼是百达翡丽的世界，一个从头开始讲述的完完整整的百达翡丽的故事。从 1839 年品牌建立之后的各个时期的代表作品，到历史上创造的带有"最"字纪录的产品，如最早的、最复杂的、最贵的、最罕见的、最精美的、最传奇的，足以触及每一位表迷的心灵。不少戴着百达翡丽表专程前来的访客，更能感受到品牌的巨大凝聚力，以及像"回家看看"一般宾至如归的客户体验。

即便不是走火入魔的表迷，百达翡丽博物馆依旧能美得使你感到窒息：新教崛起使加尔文之城日内瓦成为钟表珠宝匠的护佑之地，精致的掐丝、内填、透明、微绘珐琅美不胜收；今天流行的高级珠宝腕表，早在百年前就已经盛行于日内瓦；文艺复兴时期的全透明天然水晶镂空表壳，是今天蓝宝石水晶腕表的鼻祖；热闹了多年的骷髅头表，也不是什么新鲜事，几个世纪前叫 Memento Mori……

很多观众，包括我自己在内，都会在一楼的 Caliblre 89 展台前停留很久。作为百达翡丽为 150 周年献礼的传奇名表，具备 33 种功能的 Calibre 89 于 1989 年问世，是激起我们这一代人热爱钟表的催化剂。

# 维多利亚女王挂表

*1850 / 1851 年*

金、珐琅、钻石

这只 1850 年或 1851 年由百达翡丽工坊制造的挂表外观非常优雅高贵，下面是一只怀表，上面连接的挂件别针可以把它戴在胸前或者蓬蓬束腰裙的腰间。表壳是黄金材质，"青金石蓝"珐琅和金色唯美呼应显得高贵知性，中间一束钻石花，镶嵌着大大小小玫瑰切割的钻石。这枚女士挂表机芯的直径只有 13 法分，差不多 3 厘米，是非常小巧的尺寸了。打开表壳，防尘盖上刻着百达翡丽的标识"Patek Philippe & Cie"、编号"4536"等机芯工艺的重要信息。细心的你也许会问这块挂表怎么没有常见的那个孔洞呢？这枚挂表的确非同一般，它采用的是无匙上弦校对工艺。1842 年百达翡丽创始人之一的法国制表师让·阿德里安·翡丽（Jean Adrien Philippe）发明了无匙上弦和时间设定系统，1845 年无匙上弦和手动设定系统申请专利，至 19 世纪中期技术已越发成熟稳定。也恰好在这枚挂表问世的当年，安托尼·诺伯特·德·百达（Antoine Norbert de Patek）和让·阿德里安·翡丽两人在合作 6 年之后，公司正式更名为"百达翡丽"，即 Patek Philippe & Cie - Fabricants à Genève。

可以想象这枚挂表的女主人一定风姿绰约、非同寻常。的确，她其实就是英国的维多利亚女王。1851 年，她莅临在伦敦举办的世界博览会，挑中了这枚百达翡丽挂表。不久之后，维多利亚女王就任命百达翡丽为她的皇家制表师，自此也为百达翡丽打开知名度附加了强有力的背书。

图片 /IC photo

# 谁曾拥有它：英维多利亚女王

维多利亚女王于 1837 年继位，18 岁便成为英国女王。她在位 64 年，不输一众男性君王，把英国从籍籍无名的国度发展成为世界公认的欧洲强邦，历史上她在位的时期甚至被冠名为"维多利亚时代"。她和阿尔伯特亲王拥有长久幸福的婚姻，9 个子女开枝散叶到整个欧洲，成为人们津津乐道的话题。她人生各个阶段的着装、发饰甚至珠宝搭配，一向都引领风潮，从皇亲国戚到名媛贵族再到平民百姓，无时无刻不追随她变化的风范。

为了展示英国的先进和发达以及世界各国现代工业的技术和设计水平，1851 年，维多利亚女王下令在伦敦举办世界博览会（the Great Exhibition），选址在伦敦海德公园的水晶宫。第一次世界博览会隆重开幕，成为当时的举世盛事，据说有 600 万人前来参观，而女王的丈夫——阿尔伯特亲王担任这届博览会的主要组织者。恰逢 1851 年，安托尼·诺伯特·德·百达终于联手让·阿德里安·翡丽将公司正式更名为百达翡丽。他们刚刚经历了 1848 年欧洲大革命导致的经济萧条，决定以参加伦敦博览会这种新颖的形式来重振士气、推广品牌。好运果然眷顾到百达翡丽，年轻的日内瓦工匠的设计让维多利亚女王和她带来的一队欧洲宫廷皇室成员都赞不绝口。百达翡丽向维多利亚女王呈献一块黄金镶钻及唯美珐琅工艺的挂表，女王感觉很新奇、很喜爱，之后又购入另外一枚挂表，大家都赞同表壳的蓝色珐琅和女王深邃的眼瞳非常相衬，阿尔伯特亲王也选购了一款百达翡丽的猎表。

佩戴如此华贵但低调的挂表无疑显示出女性有良好的身世和教养，维多利亚女王有时会把它别在左胸前，或者系在装饰衣裙的丝带上，有时也会戴在宽大的蓬蓬裙的腰间，一次又一次地掀起一股时尚的浪潮。

# 黄金镶钻珐琅挂表

*约 1650 年*

黄金、钻石、珐琅

这枚挂表竟然出自 1650 年，距今已有 370 余年的历史，但依然保存完好，珐琅艳丽，手工金雕也偶见细微划痕。镶嵌的钻石限于当年的切割打磨技术，虽没有璀璨光芒，却难掩华贵气质。人们对这位制表匠 Jehan Cremsdorff 知之甚少，他是 17 世纪后期活跃在巴黎的一名制表师，从这枚挂表精细复杂的珐琅工艺可见它应该是为一位皇室或者贵族客户定制的。黄金表壳从里到外花式施展了巴黎流派装饰工艺、内填珐琅工艺、浮雕工艺和单色画工艺，应该融合了数位工艺师的通力配合。挂表整体描绘了象征 17 世纪中期普世尊崇的基本美德的场景：表盖内侧以浅绿松石色为底色，描绘一位母亲身边环绕 3 个孩子的单色画，代表"慷慨"；而底盖内侧描绘一位年轻女子站在船锚旁，则代表"希望"。1986 年，这枚挂表在日内瓦拍卖行成交，当时专家评价该表是有史以来最重要的表款之一。这句话如今依然适用，因为自那次拍卖后的 30 多年时间，公共拍卖市场从未出现过类似的 17 世纪挂表了。2019 年，日内瓦百达翡丽博物馆的代表以近 300 万美元的价格购入，让它成为博物馆珍贵的一员。

# 奖章形触觉报时钟表

*约 1800 年*

黄金、珐琅、钻石、珍珠、彩色宝石

1800 年，拿破仑虽然还没有称帝，但已身居要职，而且已经和贵妇约瑟芬结婚，浪漫的拿破仑经常用宝石传达情感的"秘密信息"，在贵族圈一时蔚然成风。这枚怀表就属于典型的"密语"珠宝表，它是由拿破仑的兄弟、威斯特伐利亚（Westphalia）国王罗姆·波拿巴（Jérome Bonaparte）赠送，仔细看可以找到一句隐藏的雕刻字"Donnée par le Roi"，意为"国王赠礼"。表壳采用了珍贵稀有的黄金珐琅工艺，更引人注目的是怀表一圈镶嵌了 12 颗彩色的宝石，它们可不是随意镶上去只起装饰作用的，而是从 12 点位置起，按顺时针拼出每颗宝石名称的首字母，就可以得出一句"密语"——"HEURES D'AMOUR（爱的时光）"，对应宝石的法语名称分别是 Hessonite（金辉石），Emeraude（祖母绿），Uvite（钙镁电气石），Rhodolite（红榴石），Emeraude（祖母绿），Saphire（蓝宝石），Diamant（钻石），Améthyste（紫水晶），Malachite（孔雀石），Opale（欧泊），Uvite（钙镁电气石），Rhodolite（红榴石），透露着爱的浪漫和趣味。

这枚怀表除了奢华炫彩的外表，还具备一个在当时非常时髦的功能，就是触觉报时，表壳上那支用钻石镶嵌的箭就是时针。当时在一些正式场合，看表被认为是不礼貌的行为，当你拥有这样一枚怀表，只要轻轻触摸它，就可以不露声色地"看"时间了。

# 维纳斯与丘比特
# 报时怀表对表

*约 1820 年*

黄金、珐琅、珍珠、绿松石

这对少见的心形表壳报时怀表对表《维纳斯与双翼丘比特》（Venus Binding Cupid's Wings）是大约 1820 年的作品，由几位工艺大师共同创作完成，其中瑞士的著名画师让－艾伯拉罕·李斯涅尔（Jean-Abraham Lissignol）在金质的表壳上创作了珐琅彩绘。宝石镶嵌师沿着心形表壳镶嵌了从中心向两边依次变小的米粒珍珠，"爱神之箭"的箭羽和箭尖上也以同样细致入微的手法镶嵌了大小不一的绿松石。而工字轮式擒纵机构机芯出自 Piguet & Meylan，这对怀表还具备双音簧二问报时装置和自动音乐装置，这些都是 Piguet & Meylan 擅长的领域，当年他们曾和与中国进行贸易的重要英国经销商有很多合作，这对心形对表就是特供中国市场的怀表作品。至于当年为什么中国人要定购对表，解释不一。有人说中国人喜欢成双成对的物件，定制图案也多要求镜像的设计。还有人说是既聪明又不差钱的中国达官贵族考虑到精密怀表的维修问题，订购对表可以保证如果一只送修，另一只依然可以正常使用。

# 首款瑞士腕表

*1868 年*

黄金、珐琅

1851 年女士挂表受到英国维多利亚女王垂青后，百达翡丽开始研究、调试、出产第一批为女士设计的腕表。百达翡丽创造设计出专门佩戴在手腕上的表，这与早期的"腕表"有着显著的不同，事实上之前所谓的"腕表"只是挂在手链上的吊坠表而已。1868 年，这枚编号为"27368"的腕表横空出世，据说数年后才以 1200 法郎的价格出售给了无比幸运的匈牙利 Koscowicz 伯爵夫人，但当年究竟是出于哪位贵客的委托定制似乎成了一个谜。

这只腕表简直颜值与内涵兼备，外表和一条华丽的黄金镶钻的手镯无异，中间和手镯呈水平相交的长方形"珠宝盒"格外璀璨，黄金材质搭配黑色珐琅，两边的方块上镶嵌呈花朵形状的钻石，而中间表盖上的单颗钻石则更大、更醒目。当你开启单颗钻石下以铰链相连的正方形表盖，就可以看到藏在下面的白色珐琅表盘了，搭配黑色"宝玑"阿拉伯数字和蓝钢梨形指针，便可轻松读时。当时，这只腕表还没有发展到当代腕表具备的手动或自动上链功能，而是延续采用怀表的钥匙上弦和设定的系统，也算是见证腕表辉煌发展历史的一件力作了。

# 铂金复杂功能
# 女士腕表

*1916 年*

铂金

这是一块真正为女士设计的腕表，而不仅仅是男士腕表的缩小版本，它还是百达翡丽首款报时腕表。1916 年，百达翡丽的这枚功能复杂的女士腕表（编号 174603）具有里程碑般的意义。它采用珍贵的铂金材质，要知道铂金从 19 世纪晚期开始受到欧洲和俄国皇室贵族的狂热追捧，但大多用于珠宝首饰，这次用来打造腕表也是非常独特、大胆。这枚腕表 10 法分（约 2.2 厘米）的机芯非常迷你秀气，手工雕刻纹饰的表圈环绕米灰色珐琅表盘，表盘一圈是黑色悬空的"宝玑"阿拉伯数字搭配"宝玑"蓝钢指针，女性化的一体式链节表链，使腕表既有珠宝手链的装饰美感，又是精密的、具备复杂功能的计时工具。它具有 5 分钟的三问功能，表盘左侧 9 点位置的装置即问表的操控机关。这也是百达翡丽第一款带有报时装置的腕表，多项复杂功能集于一体，以女士腕表的形式承载，颇有历史意义。

# 奥尔良公爵
# 交感座钟

*1835 年*

玳瑁、珐琅

这只保存完好的交感座钟于 1835 年交付，是法国奥尔良公爵向宝玑品牌委托定制的物品，公爵家族可是宝玑的老客户了，考虑到亚伯拉罕－路易·宝玑（Abraham-Louis Breguet）大师本人已于 1823 年过世，后期它应该出自宝玑先生儿子主导的钟表工坊，但分析这类复杂功能座钟的设计、制作周期要持续十数年，前期一定还是由宝玑先生构想的大局。

应公爵希望，这只座钟要和他位于 Pavillion de Marsan，也就是连着卢浮宫建筑群的公寓相匹配。座钟造型端庄雍容，玳瑁表壳装饰精美，釉面的钟面色彩华贵，钟面、钟柱甚至钟摆的花纹图腾都和谐一致，座钟正面点缀一圈金质的十二星座装饰，白色珐琅表盘直径 12.7 厘米，盘面的十二刻度采用了罗马数字，下方边缘可以找到 "Breguet" 的标注。

座钟的功能也很强大，不仅可以鸣报小时和刻钟，还具备长达 8 天的动力储存，也就是说上一次弦座钟可以连续 8 天不停摆。这只座钟还有另一个强大的功能——交感（Sympathique），也是宝玑大师的发明，他在法国大革命期间被流放到瑞士，在那里构思了交感的巧妙结构。座钟顶端有一只怀表被放置于特定的托架上，拥有交感功能的座钟就可以自动为怀表上链，规律一般是一天两次，一举两得。如今存世的交感座钟不超过 12 只，几乎都是当年的王室定制，由于时间久远、工艺复杂，品相、状态完美的就相当罕有了。

# 17　史密森尼国家自然历史博物馆

Smithsonian National Museum of Natural History

## 探秘传奇宝石宫殿

在这儿：美国华盛顿

如果说卢浮宫珍藏了上千年的人类文明历史，那么史密森尼国家自然历史博物馆收藏的则是整个地球亿万年的进化史。一枚宝石抑或一块矿石，虽只有小小方寸，却无声地记录了斗转星移的地球变化，蕴藏着极大的人文价值。这里的每一块宝石都是真正的主角，它们在向世人展现着最美妙的自然奇迹。

有关那颗希望蓝钻（Hope Diamond）的各种传说，相信你一定听了不少，但你知道如今它的真身在哪儿吗？它就在美国史密森尼学会（Smithsonian Institution）旗下华盛顿特区的国家自然历史博物馆（National Museum of Natural History）。那年我去华盛顿有幸见到了它的真容，超过45克拉的巨型蓝钻并没有宣传图中那样完美华彩，竟然有点灰色调，恰恰就像它经历了三个半世纪风雨才拥有的难能可贵的平静吧。

史密森尼学会是美国系列博物馆和研究机构的集合组织，学会囊括19座博物馆、9所研究中心、美术馆、国家动物园以及1365亿件艺术品和标本。对我而言，当然是国家自然历史博物馆中希望蓝钻所在的宝石馆（National Gem Collection Gallery）最牵动我的心。

当我和一群假期参观的孩子一起涌入宝石馆的时候，我发现这里和之前想象的样子迥然不同，没有华丽雕花的珠宝展柜，也没有高高的水晶灯洒下耀目的光。即使是世界上最大的红钻，其待遇也只是和博物馆的众多矿藏、岩石标本一样，静静地被安置在实木镶边的玻璃展柜里，摆在下面的标签则以文字说明：德杨（DeYoung）红钻，编号 G9871，5.03 克拉，圆形明亮式切割，S. 西德尼·德杨（S. Sydney DeYoung）捐赠……我有时觉得博物馆不够煽情，但是从另一个角度来看，这不正是凸显了其严谨、专业的研究态度吗？

一块小小宝石的价值究竟如何考量？它是出自著名的矿山，品质罕有，曾经市值百万千万，还是它曾被某个名人带在身边护佑多年？但是，又有谁能够真正永久拥有它呢？后来，那些曾经有幸拥有这些绝世珍宝的人们一时顿悟，认为应该把珍爱的宝贝献给世人。伊丽莎白·泰勒（Elizabeth Taylor）举办以慈善为名的拍卖，名媛玛荷丽·梅莉薇德·波斯特（Marjorie Merriweather Post）捐赠了数件皇室珠宝，珍妮特·安纳伯格·胡克（Janet Annenberg Hooker）夫人把那套重达几百克拉的黄钻珠宝赠与史密森尼国家自然历史博物馆，她们让宝贝不再仅为个人私有，而是有机会呈现给更多的人。无论被欣赏，还是用于研究，都将成就一颗宝石于地球、于人类更大的社会价值和人文价值。

那些拥有传奇背景的宝石会赢得人们的格外珍视与关注，其实它们仅占宝石馆的不足五分之一，其他的五分之四馆藏同样是矿石爱好者或研究人员心中的至爱珍宝。这里是名副其实的世界上最大的宝石、矿藏、岩石的资料馆。如果你是一个钻研矿石门类的学生，需要一片罕有的岩石标本，给他们发封邮件，你很有可能会收到他们的国际快递！

# 希望蓝钻

*1668 年*

铂金、钻石

Chip Clark，provided courtesy of the Smithsonian Institutions

说到宝石馆的镇馆之宝，无疑是希望蓝钻（Hope Diamond）。1668年，这枚罕有的蓝钻出自印度，晶格中含有硼杂质故呈现蓝色。据研究，它最早形成于10亿年前距离地面150千米的地层中，经由火山爆发被带到地面上来。谁承想这一块小小的石头在之后的几百年里改变了多少人的命运。如今它静静地躺在宝石馆里，看不出它经历过什么。多少朝多少代历史"翻页"，多少物是人非，它还是它，还是1997年美国宝石学院（GIA）给出的背书：45.52克拉、VS 1净度、深彩蓝的天然带灰色调的蓝钻。即便后来被镶嵌铂金、被16颗无色枕形和梨形切割的钻石围绕，还被用一条46颗无色圆形、梨形钻石的链子穿起而成为一枚尊贵的项链，它永远都是独一无二的它。

希望蓝钻究竟有多稀罕珍贵，其足够写成一部小说的纷争履历就可轻易证明。18世纪时希望蓝钻曾属法国王室，后来波旁王室被推上断头台，混乱中钻石消失了踪迹。1839年，它突然现身于伦敦，被银行家亨利·霍普（Henry Hope）收入囊中。但好景不长，霍普家道中落后这颗钻石又被易手。有人相信它为新主人艾弗琳·沃什·麦克林（Evalyn Walsh McLean）带来了悲剧，儿子车祸身亡，女儿自杀，丈夫住进精神病院。从此，希望蓝钻被视为受到诅咒的宝石。之后，海瑞·温斯顿（Hanry Winston）将其买下并于1958年把它捐赠给史密森尼学会，终于结束了它颠沛流离的"厄运"之旅。希望蓝钻还荣耀地成为史密森尼宝石馆的第一块奠基石，如今全世界的人都可以去史密森尼近距离地欣赏这枚传奇钻石。

# 传奇蓝钻的前世今生

· 1668 年，法国宝石商让 - 巴普迪斯特 · 塔韦尼耶（Jean-Baptiste Tavernier）卖给法国国王路易十四一颗 115 克拉的三角形蓝色钻石，它来自印度，正是希望蓝钻的前身。

· 1673 年，这颗蓝钻被重新切割，仅剩 69 克拉，被命名"法国蓝"。

· 1792 年法国大革命时，它被偷，后又被重新切割，再消失。据描述，直至 1812 年，它再次现身伦敦。

蓝钻一度被国王乔治四世拥有，在他死后，钻石又被伦敦银行家和宝石收藏家亨利 · 霍普（Henry Hope）购买，于 1839 年首次出现在霍普的宝石收藏册里，此时这颗钻石重 45.5 克拉，自此以"希望"为名。（霍普英文拼写与"希望"相同）

· 1901 年，它经过几次转手，其中包括 1909 年经皮埃尔 · 卡地亚（Pierre Cartier）易手。

· 1912 年，卡地亚把它卖给一位来自华盛顿的名媛艾弗琳 · 沃什 · 麦克林。

· 1949 年，海瑞 · 温斯顿从麦克林的遗产中买下它，并在其"皇室珠宝"慈善巡回展中展出。

· 1958 年 11 月 8 日，海瑞 · 温斯顿把重 45.52 克拉、垫形古老明亮式切割的希望蓝钻捐赠给史密森尼学会。

# 423 克拉天然蓝宝石

黄金、银、钻石、蓝宝石

这枚洛根天然蓝宝石、钻石胸针以捐赠者华盛顿名媛约翰·A.（波莉）洛根［John A.（Polly）Logan］女士命名。1960 年，这位慷慨的女士将这枚惊艳的蓝宝石、钻石胸针赠予宝石馆。胸针上的这颗蓝宝石是世界上最大的切割蓝宝石之一，足有 423 克拉，像一个鸡蛋那么大，主石周围还镶嵌着 20 颗总重为 16 克拉的圆钻。

这颗绝世蓝宝石产自出产优质蓝宝石的斯里兰卡，它的蓝色是一种独特柔和带有紫罗兰色调的蓝。如此巨大的宝石还能保有难得的净度，真是惊人。它于 1997 年被 GIA 鉴定为纯天然未经热处理的宝石。

Chip Clark，provided courtesy of the Smithsonian Institutions

# 亚洲之星的美妙星芒

蓝宝石

一听到亚洲之星（The Star of Asia）这个气宇轩昂的名字，就能猜出它在世界宝石界的地位。它的确是世界上最大的星光蓝宝石之一，重达330克拉，产于斯里兰卡，据说还曾被印度焦特布尔（Jodhpur）的王公所拥有。亚洲之星静静地在展柜里，硕大的圆形球面闪烁着丝绒般的诱人光芒，让每一个经过它身边的人瞠目结舌。如此巨大的宝石却能拥有如此笔直完美的6道星芒，也实属罕见。

蓝宝石的星芒究竟是怎样生成的呢？当蓝宝石内的金红石包裹体密集到一定程度时，整颗蓝宝石会成为半透明状。如果再顺着特殊方向将蓝宝石切割成蛋面，那么丝绢状金红石垂直的方向便会反射出星芒。

Chip Clark，provided courtesy of the Smithsonian Institutions

# 127.01 克拉葡萄牙巨钻

钻石

这颗 127.01 克拉的葡萄牙钻石是博物馆宝石收藏中最大的切面钻石，它被 GIA 分级定为 M 色，VS 1 净度。钻石在紫外线灯下发出明亮的蓝光，显示出强烈的荧光现象，甚至即使在日光或白炽灯下也能被轻易发现。正因为荧光反应，钻石呈轻微的蓝色调。这颗 127.01 克拉的巨钻接近无瑕的净度，不同寻常的八角形祖母绿切割令它魅力不俗。

18 世纪中期，它被发现于巴西，后来又出现在葡萄牙王冠上，但是并没有资料显示这两者之间的关联。后面确定的是，1928 年佩姬·霍普金斯·乔伊斯（Peggy Hopkins Joyce）小姐从 Black，Starr & Frost 公司购买了钻石，把它镶嵌在铂金上做成一条贴颈短项链。珠宝公司鉴定这些钻石出产自 1910 年南非的金伯利（Kimberley）首矿，Black，Starr & Frost 公司在它刚刚被发现时就得到了它。1951 年，海瑞·温斯顿从乔伊斯小姐手中得到葡萄牙钻石，并带它参加温斯顿世界巡回展。1963 年，海瑞·温斯顿用总重为 2400 克拉的碎钻把葡萄牙钻石置换给了史密森尼博物馆。

Chip Clark, provided courtesy of the Smithsonian Institutions

# 5.03 克拉罕见天然红钻

钻石

5 克拉的钻石也许算不上珍奇，5 克拉的天然红钻却绝不多见，甚至罕见到时常被错认为是其他矿石，宝石馆中的这颗德杨红钻便长期被错认是石榴石。不要看它仅重 5.03 克拉，德杨红钻却是至今发现的 3 枚重量超过 5 克拉的红钻之一。它具有天然深红颜色，VS 2 净度。

捐赠者 S. 西德尼·德杨是一位来自波士顿的珠宝商。19 世纪初期，德杨家族从荷兰移民至美国，成为美国最早的钻石切割商之一。1987 年，德杨先生把这份红钻大礼送给了史密森尼国家自然历史博物馆。

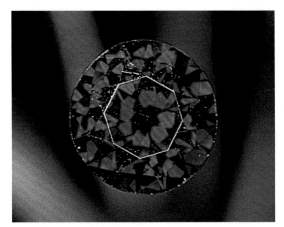

Chip Clark，provided courtesy of the Smithsonian Institutions

# 167.97克拉哥伦比亚祖母绿项链

铂金、钻石、祖母绿

镶嵌在这条迷人项链上的祖母绿来自哥伦比亚的木佐（Muzo）地区，公认最佳祖母绿产地就是木佐和契沃尔（Chivor）地区。这颗祖母绿是宝石馆收藏中最大的切割祖母绿，重达167.97克拉，用铂金镶嵌。其余部分还镶嵌着2191颗圆形、阶梯形钻石以及35颗祖母绿配石。

项链为经典的装饰艺术风格，完美对称，几何感突出。铂金和各种异形切割钻石的组合是典型的装饰艺术搭配，由珠宝巨匠卡地亚设计。如此珍罕的祖母绿本已无须过多装饰，在多形切割的钻石和祖母绿的完美烘托之下成为让人过目难忘的艺术大作。

1931年，克拉伦斯·麦凯（Clarence Mackay）把它作为新婚礼物送给爱妻安娜·凯斯（Anna Case），她是纽约大都会歌剧团的首席女歌手。1984年，麦凯夫人把项链捐赠给史密森尼国家自然历史博物馆。

Chip Clark，provided courtesy of the Smithsonian Institutions

# 蒂芙尼欧泊项链

黄金、黑欧泊、石榴石

这条镶嵌黑欧泊、点缀绿色石榴石的黄金项链由路易斯·康福特·蒂芙尼设计。黑欧泊出自澳大利亚闪电岭（Lightning Ridge），蓝绿色的石榴石来自俄罗斯。这是典型的新艺术及工艺美术运动时期作品，自然主题的葡萄藤和叶脉环抱着一颗随形切割的巨大欧泊。欧泊独一无二的自然纹路就像是一幅被定格的风景画，别有一番意境。这种对唯美效果的把控和设计师自小师从美国和法国绘画大师的经历不无关系。

路易斯·康福特·蒂芙尼在他的父亲蒂芙尼创始人查尔斯·刘易斯·蒂芙尼去世之后，完全发挥出了个人的设计天赋，54 岁时开始设计和制作珠宝，1907 年成为蒂芙尼的艺术总监。在美国，他创作的彩色玻璃、马赛克、珐琅等装饰品，色彩丰富，工艺大胆，开创了新艺术风格的设计思路。在珠宝设计方面，他非常喜爱炫彩的欧泊，并将这种有机宝石广泛地运用到他的珠宝创作中。这也得到了当年蒂芙尼公司宝石专家乔治·弗雷德里克·孔茨（George Frederick Kunz）的影响和协助，孔茨会跑遍全世界，为路易斯搜寻那些不同寻常的宝石，以实现他的艺术创作梦想。

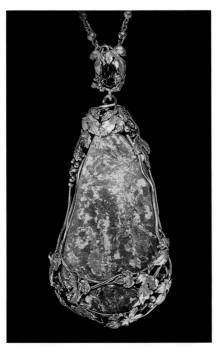

Chip Clark，provided courtesy of the Smithsonian Institutions

# 亚洲艺术家宝石杰作

钻石、蓝宝石、红宝石、沙弗莱石

2010 年，史密森尼国家自然历史博物馆的宝石馆典藏了艺术家赵心绮的作品——一枚皇家蝴蝶胸针。很难想象，这枚小小的蝴蝶胸针上竟然镶嵌着总重为 77 克拉的 2318 颗彩色宝石。你大可用最挑剔的眼光 360 度无死角地鉴赏它。它是那么完美，灵感、创新、选材、搭配、工艺都无懈可击，色彩缤纷，活灵活现。

两对翅膀竟然以 4 片大块片状的钻石来呈现，赵心绮说这是为了展现蝴蝶翅膀最自然的鳞片状。如此大胆的用材创意恰恰揭露了她骨子里的艺术底蕴。要检验真正的珠宝艺术还要看它的背面。这枚蝴蝶胸针背面的每一处边角、每一个细节都不偷懒，高明的是还藏有你意料之外的心思。魔术师般的赵心绮创作这枚胸针时别出心裁地大量运用了带荧光反应的宝石，于是一个意想不到的奇特现象出现了：当你在黑夜用紫外线光照射时，白天璀璨闪亮的宝石却放射出完全不同于日光下的霓虹般的幻彩，像是变成了另外一件作品。高净度的蓝宝石、色彩自然变化的蓝宝石，还有数不胜数的红宝石、钻石、沙弗莱石，它们就像画家手中的颜料，任由设计师自由泼墨晕染，最终成就了这件无与伦比的宝石杰作！

这只皇家蝴蝶胸针不仅呈现了创作者运用宝石的大胆尝试和卓越技艺，更代表了赵心绮从设计师到珠宝艺术家的巨大转变，就像蝶变的美妙过程，历经不凡，完美升华。

# 10363 克拉
# 海蓝宝石

海蓝宝石

世间竟然有重量超过 10000 克拉的海蓝宝石！与之前介绍的宝石相比，这件来自巴西米纳斯吉拉斯州（Minas Gerais）的佩德罗海蓝宝石（Dom Pedro）雕塑是不折不扣的庞然巨物。其实它只是 20 世纪 80 年代晚期发现的一块更大的海蓝宝石的三分之一而已，另外三分之二早已被切割成小块商用卖掉了。佩德罗海蓝宝石 30 多年间被转手多次，险遭破坏，直到 1999 年简·米切尔（Jane Mitchell）女士买下它。为了防止这块巨型海蓝宝石遭遇被切割的命运，2011 年米切尔女士和丈夫决定把它捐赠给史密森尼国家自然历史博物馆。

佩德罗海蓝宝石是迄今发现的最大的切面海蓝宝石，花了切割师贝恩德·马恩斯坦纳（Bernd Munsteiner）4 个月来研究它、6 个月来切割打磨，最终成品达到传奇的 10363 克拉。这座海蓝宝石雕塑外形呈方尖塔状，底座为 10 厘米 ×10 厘米，高 35 厘米。背面雕刻的独特梯形花纹让它看起来像内部自行发光。当你在佩德罗海蓝宝石正面观察时，光线会从宝石内部穿过，折射出绚烂的光彩。

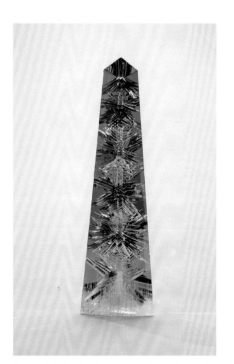

Donald E.Hurlbert，provided courtesy of the Smithsonian Institutions

# 18 波士顿美术博物馆

Museum of Fine Arts, Boston

## "美国雅典"的珠宝后花园

在这儿：美国波士顿

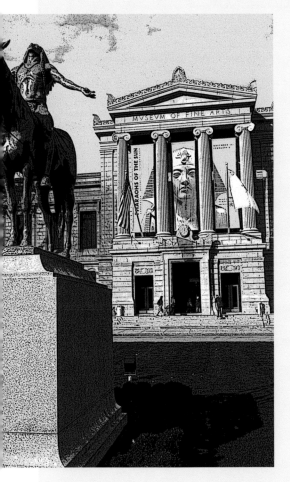

说波士顿是全世界最有学问的城市之一一点都不为过，这里不仅有 100 多家大学，更有俯拾皆是的博物馆，有"美国雅典"的美称。至于波士顿美术博物馆（Museum of Fine Arts, Boston），暂且不说这里的名画以及雕塑大作，你能想象这里竟然收藏着足以令所有珠宝迷疯狂的珠宝藏品吗？从古埃及到当代美国，无所不有。如果你来波士顿膜拜学霸们仰视的神圣学府，低调的波士顿美术博物馆珠宝后花园也绝不要错过！

一提波士顿这个城市，学霸们的眼睛里就露出崇拜的目光。作为哈佛大学和麻省理工学院这两所顶级大学的所在地，波士顿无疑是全球平均智商最高的城市之一。我在想，在波士顿没读过大学是不是都不好意思出门闲逛？在这片学术气息如此浓厚的土地，美术博物馆自然也是高大上的场所。波士顿美术博物馆坐落在整个城市最美的后湾沼泽公园旁，隔壁就是美术博物馆附属的艺术学院。馆内藏品近 45 万件，其中最负盛名的艺术收藏有古埃及遗物，法国印象派绘画，18、19 世纪美国绘画，还有珍贵的中国书法绘画以及日本陶器。我在这里不仅看到了克劳德·莫奈（Claude Monet）、皮埃尔 - 奥古斯特·雷诺阿（Pierre-Auguste Renoir）和约翰·辛格·萨金特（John Singer Sargent）的珍品，还见到了来自中国的张萱和徽宗皇帝的亲笔墨宝。

最让我兴奋的还是这里收藏的 1100 多件珠宝，从古埃及到美国，从古代至现代，波士顿美术博物馆就是本活生生的"珠宝辞海"。美术博物馆最引以为豪的收藏来自古埃及和努比亚，这些古董可都是 100 年前美术博物馆的工作人员亲自从埃及古墓里挖掘出来的，对博物馆来讲特别有意义。美术博物馆还拥有很大一部分私人捐赠的精品，例如达芙妮·法拉格（Daphne Farago）的 650 件现代珠宝收藏，还有丹曼·罗斯（Denman Ross）的莫卧儿珠宝收藏。它们往往都是这些私人收藏家们一辈子收集的成果。当其他博物馆还在为"现在能找到什么藏品"而奔波时，波士顿美术博物馆已经衍化到了"现在还缺些什么藏品"的境界。

对我而言，博物馆收藏的美国本土设计师的珠宝更令我兴趣大开。历年历代，美国人的思路和情趣总会带来脑洞大开的惊喜。他们可能把国旗做成一枚灵动的宝石胸针，且不会呆板无味；也会把爱不释手的异国古董重新大胆设计，文化碰撞往往出现意外的韵味；甚至会想到用银丝编织一件珠宝胸衣，不是摆件，是真的可以穿戴在身的时髦要件；性的话题在珠宝设计里也有一席之地，暧昧的情趣被融入方寸珠宝，也别有一番风情。有时候我会觉得，与其说美国设计师是在做珠宝，不如说他们是在玩珠宝。不过多用历史、文化武装自己，而是用奔放的精神、用天马行空的创意、用精妙的机关、用突破常规的宝石搭配打造一件珠宝，只期待你的一点回味、一次会心一笑。

拥有如此海量的收藏，让 2006 年波士顿美术博物馆决定请一位专门整理和研究珠宝的负责人，这在美国博物馆可是史无前例的。有点遗憾，我在参观时没有见到这位令人尊敬的依冯·马科维茨（Yvonne Markowitz）女士，回到中国后我还是对她进行了邮件采访。她在正式踏入珠宝学术界前曾在波士顿美术博物馆研究了 18 年的古埃及和近东区域文化，古代珠宝正是她的专长。她担任波士顿美术博物馆珠宝负责人后做的第一件事就是研究近代 2000 年的珠宝发展史。在马科维茨女士管理波士顿美术博物馆的珠宝收藏前，馆藏的珠宝都散落在美国、亚洲等各个没有关联的部门。现在波士顿美术博物馆有了专门的珠宝展览厅卡普兰馆（Kaplan Gallery），还会定期举办专题展览。

卡普兰馆内的展览隔段时间就会换个主题，当然凭借波士顿美术博物馆的丰富收藏展个百年不重复也绝不是问题。所以，就算你以前去过波士顿美术博物馆，下次参观看到的又会是截然不同的珠宝，你在这个"珠宝小天堂"每次都能发现新大陆！

# 银丝织就的胸衣

*约 1975 年*

银

如果你以为珠宝胸衣是维多利亚的秘密的发明，那就大错特错了！早在 1974 年，当时的时尚偶像罗伊·候司顿·弗罗威克（Roy Halston Frowick）就让珠宝胸衣走上了 T 台。这件胸衣可是出自一对梦幻搭档之手：蒂芙尼的传奇设计师艾尔莎·柏瑞蒂（Elsa Peretti）和纽约时尚学院首任珠宝系主任塞缪尔·贝泽尔（Samuel Beizer）。整件胸衣完全用银丝网织的方式制成，背后就像普通胸衣一样使用钩扣。若是要评选最性感的珠宝，这件胸衣当之无愧！

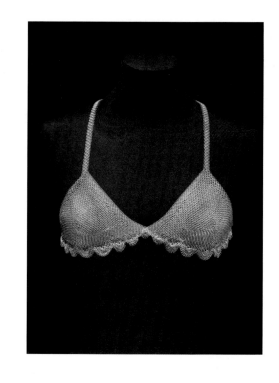

## 设计师原来是她

如果你知道这件华丽有创意作品的作者是时尚模特出身的艾尔莎·柏瑞蒂，那就不会感到意外了吧！她才华横溢，来纽约之前在罗马获得了室内设计的学位，在纽约她时常走时装秀。1974年，她加入了蒂芙尼公司，同年她穿着这件自己设计的银丝胸衣亮相候司顿大秀，轰动一时。这件时装与珠宝结合作品的灵感来自一次她去印度斋普尔的旅行，在那里她见识了当地的这种金属编织工艺。这样的编织工艺被她运用到很多为蒂芙尼设计的珠宝作品中，很受欢迎。

# 驾车的胜利女神耳环

## 公元前350—前325年

黄金、珐琅

希腊神话中的女神不只会唱歌、绣花，驾车、征战也不输奥林匹斯山上的男神。这件出自古希腊的黄金耳环描绘的就是驾着马车的胜利女神。她表情严肃，翅膀半张，仿佛马上就要迎战。她驾驭的马匹也是一派盛战的姿态，马蹄扬起，栩栩如生。这只耳环充满力量和动感，是难得一见的杰作。细节上惟妙惟肖，不但雕刻卓越，还有金线、金粒等多种工艺被使用。这位几千年前的金匠简直是个一流的雕刻家！

# 爱神水晶吊坠

*公元前 743—前 712 年*

黄金、水晶

哈托尔（Hathor）是古埃及的爱神，掌管着美丽和音乐，深受女性的追捧。纯金雕刻的哈托尔头像，纯净无瑕的水晶圆球，在公元前 700 年的努比亚是只有皮耶国王的王后才能配得起的精致华美的护身符。水晶球的中央有个中空的圆柱形金壳，应该是用于放置祝福符咒的。努比亚虽是独立的国家，但它在文化和宗教上都延续了古埃及文明。

# 人物肖像微绘项坠

*1782 年*

象牙、头发

18—19 世纪，微绘肖像珠宝蔚然成风，甚至还有人把爱人的发丝封存于项坠之中，以纪念那些难以忘怀的特别时刻。查尔斯·威尔逊·皮尔（Charles Willson Peale）善于创作微型人物肖像，常描摹名流贵族。这枚项坠画中略带沧桑感的中年男子是当时极负盛名的法官约翰·罗威尔（John Lowell），项坠背面的两个天使手持婚礼花环和火炬象征他和其第三任妻子，背景左侧的六棵小树则代表法官的六个孩子。

# 工艺美术复古胸针

*1908 年*

15K 金、红宝石、月光石、珍珠、
紫水晶、玉髓

大多数珠宝设计师都是先画草图，再找合适的宝石镶嵌。英国工艺美术运动的领军人约翰·保罗·库珀（John Paul Cooper）却喜欢跟别人唱反调，在他眼里宝石应该像跟随音乐起舞的音符。红宝石、月光石、珍珠、紫水晶和玉髓的颜色各异，放在一起却又无比和谐。这枚胸针的设计融合了中世纪和凯尔特的风格特点，宝石和黄金的配色最为精彩。它的制作工艺同样精湛绝伦，不愧是花了 273 个工时打造的精品。

# 西方设计东方玉雕项链

*1910—1918 年*

黄金、玉、彩色玻璃

初见这条项链就觉得它一定和中国有一些关联，但同时又融入了西方的设计。设计师约瑟芬·哈特韦尔·肖（Josephine Hartwell Shaw）是位土生土长的美国人，但她极其热爱亚洲文化，同时她是波士顿工艺美术学会的先驱。她用两块精美的中国古玉雕作项链的主体，再搭配绿色的玻璃和黄金。这种非传统珠宝材料的运用完美地体现了艺术与工艺美术运动的精髓。

# 时间灵感金丝飞鸟颈饰

*1973年*

黄金、银、珍珠

你能想象一只大鸟张开翅膀、勾搭在你脖子上是什么样的画面吗？玛丽·李·胡（Mary Lee Hu）想到了，于是这件展翅中的飞鸟颈饰便诞生了。巧夺天工的花丝工艺是她的标志，硬邦邦的黄金在她手中变成风、水、羽毛、骨架，一切都那么自然。在她的设计中时常能看到服装设计的影子，她把金丝银线织成一件件动感十足的首饰并将之"披"在人们身上。

# 19　维琴察珠宝博物馆

Museo del Gioiello Vicenza

## 意大利珠宝小世界

在这儿: 意大利维琴察

我去过很多次意大利的维琴察，都是为了一年一度的珠宝展，这一年我却有了一个额外的收获。2014 年，在珠宝展不远处的帕拉迪奥大教堂里落成了维琴察珠宝博物馆（Museo del Gioiello Vicenza）！

如果告诉你，维琴察珠宝博物馆的占地面积仅有 410 平方米，会不会让你觉得不可思议？事实正是如此，博物馆属于维琴察市与市议会共同发展管理的市政文化教育项目，落成于2014 年 12 月。搜罗世界各地的珍奇珠宝来打造一个奇幻的珠宝小世界，这样的美妙想法在意大利被轻松实现。还在稳步发展中的维琴察珠宝博物馆尚处于年轻阶段，却已经拥有相当可观的馆藏和不可估量的艺术价值。走进博物馆所在的帕拉迪奥大教堂，首先你就会惊叹于空间布局的简洁与精妙，砂色大理石地面与同色系墙壁在珠宝与灯光的交辉中显得大气开阔，极简的空间设计巧思保留了中世纪教堂幽谧通道的原始神秘，纯色调背景将珍稀珠宝的主角地位当仁不让地突显出来。

我觉得，对有限空间的无限利用及合理安排体现了一座博物馆的理性气质，这里看似冷静却充满了情绪。维琴察珠宝博物馆虽有自身的面积限制，叹为观止的馆藏数量以及令人称奇的布展设计却让全世界珠宝朝圣者流连忘返。维琴察珠宝博物馆的珠宝艺术总监、同时也是米兰理工大学珠宝设计系教授的阿尔巴·卡皮里瑞（Alba Cappellieri）女士通过自己独到的艺术见解，将博物馆的展览层次和顺序进行清晰划分。一层为两个临时展厅，不定期展出意大利国内或世界级巡回展品。二层则被精妙地分成 9 个细类展区，跨越几世纪的珠宝藏品被大胆进行主题分类，一个珠宝小世界仿佛形成了一部生动多元的珠宝文化史。这也是博物馆最为人称颂之处。

珠宝历史浩如烟海，想对其分类阐述，可想象难度之大，在维琴察珠宝博物馆明确精炼的展览思路下分类却显得得体而又顺理成章。博物馆将珠宝收藏分为时尚（Fashion）、艺术（Art）、名作（Icon）、美感（Beauty）、神迹（Magic）、象征（Symbol）、设计（Design）、功用（Function）和未来（Future）9种主题，既品阅过去、又着眼未来，以完全耳目一新的方式和视角引导世人领略珠宝之美。艺术总监卡皮里瑞女士对这种分类方式显然极有信心："既然博物馆的珍藏全部都是珠宝，那么能够让标志性的艺术理念以更清晰独特的方式令人记住并喜欢上，就必须是我们的责任。"如此意式浪漫又认真的回答令人对维琴察珠宝博物馆好感倍增。事实上，他们也做到了。以美感（Beauty）为主题的展厅中，意大利珠宝设计师罗伯托·科因（Roberto Coin）向文艺复兴大师波提切利致敬，取材于其著名画作《春》。五百多种美轮美奂的罕见花朵被设计师用玫瑰金作底托，镶嵌珍稀的圆润褐色钻石，雕琢成整齐排列于颈间的精致项链，诠释了优雅与纯真这样值得被永恒赞颂的女性气质。在功用（Function）展厅，可以发现几个世纪以来，人们对于珠宝的需求使得珠宝的性质变得更加多元化。过去，人们对珠宝的理解仅限于贵族身份与地位的象征。渐渐地，一些兼具实用性和美感的珠宝出现了，人们赋予了它更多功用。小到纽扣别针，大到发饰领饰。梵克雅宝（Van Cleef & Arpels）于1949年推出的"Zip"系列，是馆内一件引人注目的藏品。它不仅是一件当之无愧的高级珠宝，而且其灵感还关联实际功用，非常神奇。借由时尚圈都爱的Icon一词来定义珠宝世界中的传奇名作，也是一个不可忽视的亮点。从最早可追溯到公元前3世纪意大利伊特鲁里亚（今托斯卡纳）金匠精雕细琢的金质拉丝工艺耳坠，到19世纪下半叶采用罗马微镶嵌工艺的哥特风格彩色玻璃石胸针，无不成为连通珠宝史中过去与未来的载体。

潮流易逝，风格永存，穿梭于这些名贵珍宝间定会令你感叹杰作的魅力永远无惧于时间。维琴察珠宝博物馆的出色之处不仅在于条理清晰地单方面展示珠宝，还为参观者铺设了一段唯美且有教育意义的珠宝朝圣之旅。这种无形之中与思维展开互动探讨且有回响的艺术行为显得更具实用价值，很难不令人产生共鸣。

# 花叶主题钻石冠冕

*1880 年*

黄金、银、钻石

一件意义非凡的珠宝艺术品的价值除了昂贵的材质、时间的洗礼，还必定少不了它所蕴含的象征含义。王冠曾代表无上的权力，专属于王室，随着历史的发展，后来贵族名媛也可以佩戴王冠。这显然是财富阶层的标志，贴着神圣保护的标签。这顶 1880 年产自英格兰的王冠简洁而又精细，花叶和涡旋的图腾呈现出典型的维多利亚时代奢华优雅的风格。黄金和银镶嵌老矿圆形切割钻石，极细的金质底托考验了工匠的高超工艺。王冠顶端呈小小扇形散开的部分安装了精巧的弹簧，随着行走的韵律微微颤动。

# 谁曾拥有它：弗洛拉·萨逊女士

这件王冠的拥有者是弗洛拉·萨逊（Flora Sassoon）。她是一位阅历丰富的传奇女性，虽然不是王室宗亲，但影响力一点也不可小觑。1859 年她出生于印度孟买，父母博学多才，从小给她安排了良好的教育，17 岁时已经熟练掌握希伯来语、亚拉姆语和印度斯坦语，还有英语、法语和德语。1876 年她嫁给了所罗门·萨逊，后来家族企业经营得风生水起，被誉为"东方的罗斯柴尔德"。

她一直参与打理丈夫的生意，慢慢树立了权威的女主人地位。1894 年她的丈夫去世，她完全接手了家族的事业。1901 年她下决心移居到了英国，近 40 年的寡居中，她一直积极做慈善事业，还支持生物学家研究新型霍乱疫苗，这些也令她拥有了超高的人气，经常会出席英国上层社会的各种盛大庆典和派对。1902 年，弗洛拉·萨逊就是佩戴这顶精美的钻石冠冕，搭配全套她珍藏的重要珠宝受邀参加了爱德华七世的加冕礼。

英国犹太历史学家塞西尔·罗斯（Cecil Roth）曾经评价她的生活方式："像女王一样行走，像圣人一样说话，像东方的君主一样娱乐。"

# 伊特鲁里亚
# 黄金项圈

## 公元前1世纪

黄金

这条项圈的历史可追溯到公元前1世纪。纯金圆盘全长9厘米，圆盘与圆环衔接部分采用掐丝工艺打造出了细麻绳编织的真实质感。这条项圈代表了伊特鲁里亚民族文明的精华，虽然其制作年代已近伊特鲁里亚时期的末尾，但依然可见盛世繁华，设计夸张，工艺精湛。醒目装饰在胸前的项圈饰品被视作有神迹的护身符装饰，是尊贵的皇室象征。这件远古的珠宝作品有着里程碑式的意义，是名留青史的珍宝，具有不可忽视的历史价值。

# 中国苗族多功能颈饰

*近代*

银

除了表现美，珠宝还被赋予更多属性和功用。在实用和美感兼具的道路上，它有了很多让人意想不到的大变身。这一件手工打造的纯银颈饰是中国苗族的传统民族首饰。细腻勾勒刻画的鱼跃坠饰和民族花纹以及中心位置的刀剑挂坠是苗族古老悠远的神秘象征。如果你觉得这些"迷你型宝剑"只是做装饰用，那你可就低估它了。它们其实可以随意拆卸，提供各种不同功用：牙签、指甲锉、刻刀、耳勺等。真是一件多功能珠宝！

# 那不勒斯珊瑚
# 精雕套装

*19 世纪*

珊瑚

珊瑚是意大利那不勒斯文化的象征，托雷·德尔·格雷科（Torre del Greco）小镇工匠手工雕刻的珊瑚尤其出众。不像日本珊瑚的颜色从粉色到深红范围广泛，这里的珊瑚在地中海的孕育之下，呈现出一种有着深浅起伏的温和的红。灵感来自自然的花苞、花瓣、花枝、绿叶，古老的神话、雕像也都是意大利珊瑚珠宝的创作主题。珊瑚生长速度缓慢，因此每一件珊瑚珠宝都极为珍贵。纯手工的雕刻工艺，让一件件珊瑚珠宝如同迷你的雕塑艺术品。夸张写实而且立体的设计更是对大自然最真诚的赞美。

# 维多利亚时代
# 哀悼珠宝

*19 世纪晚期*

珐琅

这些用于哀悼的全黑胸针在 19 世纪末的意大利很常见，人们悼念亲人时会佩戴它。英国维多利亚女王为纪念亡夫开创的这一珠宝风俗，迅速引领了整个欧洲的珠宝潮流。除了珠宝是凝重的黑色，绳结、蝴蝶结、勿忘我、羽毛等黑色图腾都是人们怀念亲人、想留住美好记忆的点滴灵感寄托。无需奢华的宝石，金属上描画黑色的珐琅彩就足以寄托生者对死者的无限哀思。

# 时装巨匠羽毛配饰

*近代*

铜

作为一种独立的艺术表现形式，珠宝与时装融合产生的美感，足以令人肾上腺素飙升！受20世纪初兴起的装饰艺术风格影响，越来越多的时装设计师选择将珠光宝气"请上身"。这一铜质羽毛胸针由意大利时装巨匠奇安弗兰科·费雷（Gianfranco Ferre）设计。羽翼舒展灵动，仿佛随风轻摆，和博物馆展览中的白色礼服裙上柔润洁白的长羽毛相得益彰。一动一静的绝妙搭配凸显了设计师的巧妙和非凡创意，表现了女性令人着迷的刚柔并济。

# 人鱼护身符吊坠

*20 世纪早期*

银

说到人类历史上最早出现的随身装饰物，那么一定少不了护身符，它们被寄望于抵御邪恶和病痛、带来好运。这条纯银打造的美人鱼铃铛吊坠出自 20 世纪早期的意大利。银器自中世纪就被奉为高尚纯洁的圣物，美人鱼在当时被人们奉为抵御海怪之神，可以叮当作响的铃铛被认为可让人远离鬼神之扰，给出海的人带来平安顺利。同时期常出现的手握双尾的美人鱼另有祈求多子多福的美意。

# 意式自然风情
# 项链

## 当代

黄金、粉色蓝宝石、
祖母绿、摩根石

自然界的生动美是珠宝设计师取之不尽的灵感源泉，花朵的自然美态尤其令人一见倾心。这条来自威尼斯百年珠宝品牌纳迪（Nardi）的宝石项链带着一眼就可辨识的意大利风情。艳丽的色彩搭配热烈夸张的设计，粉色蓝宝石和雕刻祖母绿起伏呼应，衬托出巨型水滴形摩根石的逼人华彩。玫瑰金藤蔓般蜿蜒在宝石花叶间，仔细观察会发现两边并不是绝对对称、一模一样的，而是各有千秋，这体现了意大利设计师一贯随性自由的趣味。

# 20　　荷兰 Galerie Marzee

走进当代艺术珠宝酷世界

在这儿：荷兰奈梅亨

提到荷兰，你会想到什么？郁金香、大风车、美丽的海堤还有宽容的社会风气，都是这个西北欧国度的标签。也许正是因为拥有如此自由包容、开放前卫的思想养分，才滋养和孕育出 Galerie Marzee 这样一座世界最大的、最有影响力的当代艺术珠宝博物馆。

时至今日，我想当代艺术珠宝对于99.9%的人来说仍旧陌生。然而，走进 Marzee 首饰艺术馆，几乎就走进了属于当代艺术珠宝的世界，走进了一个个有趣的灵魂，走进了一个个天马行空，甚至有点"光怪陆离"的当代艺术家们的精神世界。

你一定疑惑，为什么"Galerie Marzee"使用的是"Galerie"而不是"Museum"。因为它的主人并不是政府，而是当代艺术首饰界的灵魂人物、世界最知名的当代艺术首饰收藏家、策展人、经理人——玛瑞－朱丝女士（Marie-José van den Hout），而"Marzee"就是"Marie-José van den Hout"荷兰语发音的精简版。

Marzee 首饰艺术馆，成立于 1978 年，位于荷兰拥有 2000 年历史的文化名城——奈梅亨（Nijmegen），至今都保持着半博物馆、半首饰廊的性质，以永久展览、临时展览和商业售卖这三种形式运营。1000 多平方米的馆内收藏了当代艺术珠宝近百年的数千件经典作品，还有一些重要的装置艺术品、雕塑和金银器皿。

Marzee 首饰艺术馆在 1989 年因"梳子艺术收藏展（an Art Collection of Combs）"在国际上一炮而红。这个展览集结美国、日本、荷兰、西班牙、意大利等国的艺术博物馆，邀请 300 多位艺术家历时两年进行梳子主题的创作。最终，400 多把梳子艺术品以多样的形式工艺、多元的文化内涵，探讨了常见的生活物件与人体、生活、时间、艺术的关系，深入而生动地探索了传统工艺美术与当代艺术首饰之间的契合点，获得了艺术界的广泛认可。至今，馆内还珍藏着那场展览的 50 多件精选作品。

历经近半个世纪的发展，如今与 Marzee 首饰艺术馆密切合作的艺术家有 190 多位，他们来自全世界的几十个国家，其中大部分来自荷兰、德国、比利时、丹麦、瑞典等地缘邻近的欧洲国家。他们中既有当代艺术珠宝的奠基人，也有时下艺术创作最活跃的优秀艺术家，是当代艺术珠宝发展的中坚力量。

这些艺术家们的作品都不是传统珠宝所追求的珠光璀璨和单纯的商业价值，而是蕴含着艺术家对自我心灵体验的记录、对社会现实的回应、对传统陈规的反叛以及对生命本身的思考。它们就像是一面面镜子，映射着社会现实的世界与艺术家心灵的世界。在材质上，作品也多使用树脂、木材、工业废件、纤维等综合材料，就连使用的金属也以银、铜、钛、锡、铁、钢等别具特色的材料居多。

作为世界上最大的当代艺术珠宝博物馆，它的活跃程度也相当高。在永久收藏方面，1000余件艺术首饰精品都被陈列在博物馆 3 层的永久性展厅里。有趣的是，大部分展品都被精心摆放在拥有 160 个抽屉般的大展柜里。当你打开抽屉的瞬间，就如同寻宝一样有趣。这些万里挑一的精品也恰似一部当代艺术首饰的简史，闪耀着一代代艺术家在艺术首饰领域的不断创新和探索。它们既是玛瑞－朱丝馆长一生的珍藏，也是 Marzee 首饰艺术馆的镇馆之宝。所以，来到 Marzee 首饰艺术馆一定要去抽出一个个"大抽屉"，感受那份"开盲盒"的快乐！

除了永久性展览，这里每个月都会同时举办 3 ～ 5 位艺术家、设计师的个人展览。当然，最著名的还属每年 8 月举办的国际毕业生艺术珠宝作品展。这个展览云集了全世界顶尖艺术院校最优秀毕业生的最优秀作品。此外，艺术家们争相在 Marzee 首饰艺术馆办展或参展的原因也在于玛瑞－朱丝女士表示过："没有在这里展出过的作品，将不会纳入馆藏。"

走在 Marzee 首饰艺术馆里面，你会发现，它不仅是一座当代艺术珠宝的博物馆，更是一座深刻融入现代设计精神的博物馆。Marzee 首饰艺术馆所在的建筑在 1995 年时还是一个荒废了近半个世纪的粮库，直到奈梅亨市政厅计划为这座城市打造一座文化艺术的殿堂时，受邀的玛瑞－朱丝才把自己精心收藏多年的当代艺术首饰珍品带到这里安家。如今，这栋4层建筑内部依旧保留着粮库的墙体和天顶，一种历史的醇香与厚重延续至今。此外，在这里你还可以发现许多现代主义建筑风格的元素，比如流动空间、粗野主义、有机设计、极简主义设计。游走其间，可能你眼前的钟表、灯具、杯子、烛台、椅凳都是荷兰乃至欧洲现代著名设计师的经典作品，就连这里的工作人员也会每天从展品中挑一款来佩戴，她们都将艺术地工作、艺术地生活转换成主动而自然的生活方式。

如果你是一名珠宝设计相关专业的在校生，我建议你可以申请去 Marzee 首饰艺术馆实习，不仅会有一段难忘的艺术经历，实习期结束后馆长都会亲自送一套博物馆出版的书籍还有一件当代艺术珠宝的作品作为纪念。

我期待有机会还可以再去 Marzee 首饰艺术馆逛逛，和老馆长玛瑞－朱丝女士，还有她的接班人也是她的女儿妮基（Niki）一起吃典型的荷兰午餐——热茶配三明治，然后再站在馆外的瓦尔河畔吹吹风，看河上的货船静静驶过……

# "两只大鸟"
# 榆木项圈

*2020 年*

榆木、黄金

艺术家多萝西娅·普吕尔（Dorothea Prühl）1937 年出生于德国，可以说她的一生伴随着当代艺术珠宝的起源、探索与发展，因为当代艺术珠宝的源起大概就在 20 世纪五六十年代，几乎与后现代主义的开端同期。此外，多萝西娅还是一名大学教授，当今活跃在当代艺术珠宝领域的青年艺术家，很多都是她的崇拜者或追随者。而她的作品也曾被伦敦、纽约、慕尼黑、东京等知名的博物馆收藏或展出，其中就包括大家所熟知的维多利亚和阿尔伯特博物馆。1999 年，多萝西娅成为首届 MARZEE 奖的获得者。

博物馆馆长玛瑞 - 朱丝女士佩戴的这件作品叫"两只大鸟"，材质是榆木与黄金，全手工打磨而成。两只振翅欲飞的鸟儿落在颈间锁骨处，仿佛是欧洲文艺复兴时期开始流行的拉夫领。拉夫领就是那种欧洲王室贵族常佩戴的层层叠叠的白色蕾丝花边大领子。在几百年前，只有享有一定身份地位的人才可以使用这种领子，它象征着高傲、优雅、尊贵和不可一世的姿态。而这种感受，玛瑞 - 朱丝女士在佩戴着"两只大鸟"时就提到："戴上它会给人一种王者的感觉，非常有力量。"

艺术家多萝西娅有一系列以榆木为主创作的项链作品。这些作品看上去形态简单，但却体现着美学主张中对"宁拙勿巧"的追求，艺术家放弃了对金属工艺精雕细琢的追求，反而去捕捉天然的意趣。因此，她的作品总是有着雕塑般的魅力，抽象的形态和天然质朴的气息充满着对自然的细腻观察。除此之外，多萝西娅对自己的艺术珠宝创作要求是很高的，在创作一件作品之前，她每次都会制作超过 100 个模型，而她每年只创作一至两条不同的项链。

304　博物馆里的传世珠宝珍藏版

# 谁曾拥有它：玛瑞 - 朱丝

提到当代艺术珠宝界的灵魂人物，一定会想到她——玛瑞 - 朱丝女士，Marzee 首饰艺术馆的创始人、馆长、收藏家。她是荷兰本地人，出生在鲁尔蒙德（Roermond）小镇，她的曾祖父、祖父到她的父亲都是金银匠。从四五岁开始，她便在珠宝的环境中耳濡目染地成长，而她本人所学的专业也是金属加工。但随着生活阅历的丰富，她渐渐发现自己的兴趣点转向了艺术珠宝，于是在 40 多年前，她在荷兰奈梅亨（Nijmegen）镇创立了 Marzee 首饰艺术馆，由商业珠宝转向了艺术珠宝，由珠宝设计师、工艺师转型成为艺术珠宝的策展人与收藏家。

如今，Marzee 首饰艺术馆已经成为全世界最大的当代艺术珠宝博物馆之一，这里陈列展出着过去大半个世纪以来当代珠宝艺术家们的杰作。

Marzee 首饰艺术馆在每年 8 月都会举办国际毕业生艺术珠宝作品展，入选展览的创作者都是来自英国皇家艺术学院、伦敦中央圣马丁艺术学院、美国帕森斯设计学院、比利时皇家艺术学院、荷兰皇家美术学院、清华大学美术学院、中央美术学院等全世界优秀院校的优秀毕业生们。

# "美丽之城 – 金色的水波 – 你的肖像" 项链

*2019 年*

18K 金

艺术家安妮丽丝·普兰泰特（Annelies Planteijdt）毕业于世界知名的荷兰皇家艺术学院，是荷兰著名的当代艺术家。她出生于 1956 年，恰恰是 20 世纪知名的"战后婴儿潮（1946—1964）"的中间时段，"婴儿潮一代"在战后一步步与社会"决裂"，最终成为最具独立意识也最为反叛的一代，他们叛逆、朋克、嬉皮士、反传统、反束缚，几乎与后现代主义艺术潮流一起诞生。因此，后现代主义设计的抽象、解构、几何、变幻、流线型等特点，都在艺术家安妮丽丝的作品中有很明显的体现。

安妮丽丝自 2000 年起便开始围绕"地图的美学"进行创作，她将黄金处理成纤细的、滚动的造型，如波浪一般。这种新的艺术表现手法，带来了对黄金的另一种表现效果——像液体一样，更有机、更富有变化。图中的这条项链，艺术家将 18K 金做成一截一截弧形的长扁条，然后用小圆环将它们两两相连。当你佩戴后，每一截金色的线条都可能或反或正，并随着你的身体形态及移动变换，抑或是磨损变形，像水的流动一样变化，充满诗意。

安妮丽丝说："如果你戴着它，这条项链就会成为你的肖像，把你框起来，可以说，它是你个性的一种反射、一种加倍、一种补充或一种强化。"因此，这件作品的名字又叫"你的肖像"。这种观点，也是当代艺术很推崇的——佩戴者也会参与一件艺术品的创作，因为有了"你"的佩戴，这件珠宝才鲜活了起来，因"你"的佩戴，才有了定制化的形态，进而拥有独一无二性。

# "话语-05"项链

*2019 年*

银、玛瑙、紫水晶

艺术家尤特·艾泽哈弗（Ute Eitzenhöfer）的作品展示了一种对材料的平等态度，以及她创造珠宝的愿望——珠宝不仅是装饰品，也是社会评论的媒介。作为大学教授，她始终在探寻人类对美和装饰的感知以及它们在社会中的地位。在她的观念中，塑料包装也有它诗意的一面，天然未经雕琢的岩石、宝石也有动人、鲜活的一面。所以她的创作材料没有黄金、钻石、彩色宝石，和很多当代艺术珠宝的创作者一样，她更愿意去挖掘综合材料的美感与故事，而不是尊崇黄金、钻石经过精雕细琢后的商业价值。

尤特 1969 年出生在德国布鲁克萨尔，受过金匠训练，后来在普福尔茨海姆大学学习珠宝。2005年以来，她一直在伊达尔-奥伯斯坦的特里尔应用科学大学任教，她的作品在世界各地展出或被博物馆收藏。

这件作品有着非常鲜明的当代艺术珠宝的特征。在构成语言上，几乎都是围绕几何形体展开的，如规则的圆形、正方形、长方形，在色彩上也是以灰色为主，点缀少量的灰粉色。这点可能受现代主义设计的起源地——包豪斯的影响很大，体现出大历史时期的审美风潮。尤特作品中对综合材料的运用，同样具有反叛思维，她认为当代艺术珠宝通过常见的材料也可以表达深刻的社会洞察及生动的思想观点。

# "花园之夜"项链

*2015 年*

黄金、钛、搪瓷钢、不锈钢、银

自然、花园、昆虫,一直是不同时代、不同国家的艺术家们始终在探索的灵感来源。安德里亚·维佩曼(Andrea Wippermann)这件作品的主题是"花园之夜",在这座花园里,绿色的圆片就像莫奈笔下的睡莲叶,纤细的圆环好似花园中缠绕的藤蔓,金色的小皿仿佛某个长着金色壳甲的昆虫……整条项链围绕着一个基础形状——圆形展开,有金色的球形、做旧的银灰色半球、绿色的圆片、银色的圆环,它们串联在一起,就是一场和花园之夜有关的故事。

安德里亚的作品充分体现了她对自然世界的多样性充满了迷恋,也体现出她对当代艺术抽象几何语汇的时代追随。欣赏当代艺术珠宝,一定要打开你的脑洞,用你的生活阅历去与这些点线面的元素碰撞,去做出你的解读。因为当代艺术,本来就反对标准答案。

# "亲爱的 2021" 项链

*2021 年*

玻璃（香槟酒瓶）、纯银、软木塞、磁铁、铁

虚拟世界的发展已经大幅度减少了人们面对面的交流，这种封闭与隔离仿佛是一面黑纱，使人们渴望老式的、友好的、亲密的、活生生的线下会面。线下联系的价值得到了新的重视，正日益成为一种奢侈品。艺术家维罗妮卡·费比安（Veronika Fabian）近年的很多作品都在讲述一个主题——"你、我和你的东西"，倡导人与人之间应有更多面对面的交流。

这串项链的材质看似普通的绿色树脂，实际上它是由一个个用过的香槟酒瓶的玻璃瓶身切磨而成。玻璃和木塞就来自曾经聚会中剩下的瓶瓶罐罐，仿佛就是曾经你与朋友畅饮畅聊时刻的美好见证。这些玻璃片段，提醒我们回到过去的时代，问我们是否找到了回到旧时代的道路，还是适应了一种新的规范？

这就是当代艺术珠宝的魅力所在，不仅是一件装饰品，更是一种触动你心灵、引发你思考的媒介。戴着它，仿佛就将那些美好时光定格珍藏；戴着它，也会提醒自己，是时候再去约好友喝一杯了；戴着它，或许你还会想到某人，如此暧昧又深情的意味。

# "建筑-10号"项链

*2020年*

电铸铜、镀金、热塑性塑料

艺术家艾瑞斯·博德梅（Iris Bodemer）的这件作品名称是"建筑-10号（Construction.10）"，金属线条勾勒出的造型，仿佛是后现代主义摩天大楼的钢铁骨架，而留白处就好似是一片片硕大的落地玻璃窗。后现代主义的建筑风格经过缩小，化作了戴在颈间的艺术珠宝，这种演绎是不是很有趣呢？

在艾瑞斯的创作中，绘画是一个不可或缺的组成部分。她会画很多充满线条的草图，然后运用电铸技术，雕琢出一个个三维立体的线与面组合的艺术珠宝。这些作品仿佛从埃舍尔（Escher）的画中走出来一样。埃舍尔的代表作品就是运用正负形来呈现不同的图案，香奈儿知名的千鸟格就是正负形最常见的例子，不论你看黑色的图案还是白色的图案，都是鸟的造型。

# "无题"项链

*2018 年*

珐琅、铜、银、玻璃

当代艺术珠宝其实是很人文的，如诗歌一般，有豪放派、有婉约派、有现实主义、有浪漫主义。我想维拉·西蒙德（Vera Siemund）的作品理当属于浪漫主义，因为她的艺术创作一直从建筑、古典装饰、古典文学中汲取灵感，比如哥特式建筑、复古的纺织品纹样、古典珠宝、丢勒的绘画作品都是她的最爱。维拉的这件作品用珐琅彩工艺结合玻璃工艺，将古典的韵味和装饰元素通过现代的设计手法充分展现，使之充满想象力，那绿色的尖角既像哥特式教堂的穹顶，又像新艺术运动中植物的花萼，充满生机。

新奇的是这件作品运用的珐琅彩工艺既不是绘制珐琅也不是掐丝珐琅，维拉只运用了珐琅工艺的一个入门手段，直接在紫铜上施撒绿色的釉料，然后高温烧制。这种珐琅工艺看似简单，但是项链上的每一个花萼造型，都是艺术家手工锻造而成的，非常考验艺术家的手工艺能力。一大块坚硬的铜板在艺术家的手中，不仅幻化成了一朵朵如花萼般精巧的造型，还拥有了一片醉人的新绿，这应该就是艺术的魔法吧！

# "帽子"胸针

*2016 年*

银、铜

这件作品叫作"帽子",艺术家鲁道夫·科采(Rudolf Kocéa)将报纸上的新闻图片通过金属錾刻的方式予以表达记录,如果你好奇的话,可以认真地对照着新闻照片和胸针图片去寻找对应的人物、帽子都在哪里。这种创作思路体现了当代珠宝艺术家玩世不恭的态度,又有着对现实些许讽刺的意味。

当代艺术珠宝,不仅是装饰品,还有着自己的思想,具有可读性、雕塑性,希望引起欣赏者的共鸣。艺术家鲁道夫 1968 年出生于德国克桑滕(Xanten)。在金匠学徒期结束后,他在哈瑙艺术学院接受金匠大师的培训,随后在德国吉比琴斯坦艺术与设计大学学习珠宝设计,并留在那里完成他的雕塑专业深造。

在鲁道夫的创作生涯中,尊崇金匠大师的传统一直是他作品的核心,因为他更喜欢和金属打交道。像魔法师一样,鲁道夫将银和铜合金混合在一起,每次都能创造出不同的、微妙的颜色层次;像雕刻家一样,鲁道夫用凿子和锤子,以无尽的灵感与想象去錾刻、雕琢金属。他表示他和金属之间有一种熟悉感,金属吸引他去控制、去尝试。鲁道夫的创作主要通过金属浅浮雕来实现,他的作品更像是一幅幅金属画作,每一件胸针都是一幅画、一段故事、一个灵感。他的灵感来自随时随地听到或看到的东西,具体到可能就是在报纸上刚刚读过的一则新闻。

# 21 墨尔本维多利亚州国立美术馆

National Gallery of Victoria

## 打开过去到未来的任意门

在这儿：澳大利亚墨尔本

虽然距离遥远，但想要接收到墨尔本维多利亚州国立美术馆（以下简称 NGV）的新消息并不难，因为它不仅有国际网站，在国内竟然也开通了中文微博、微信公众号和视频号。社交媒体上的"馆长寄语""线上活动""宅家互动"等栏目一直有条不紊、没有间断地进行着，连续两场世纪大展——"嘉柏丽尔·香奈儿：时尚宣言"和"毕加索世纪全球首展"，更是让热爱时尚、艺术的忠粉们雀跃不已。

NGV，从 1861 年维多利亚州美术学院的几个小展厅，发展到如今拥有"国际馆"和"澳洲馆"两大分馆的巨型规模，不仅收藏着几千年前的历史文物，也有见证时代发展的艺术精品，更有集结全球大咖精心策划的各领域大制作展览。来 NGV 吧，打开这扇过去到未来的任意门，收获属于你的惊喜。

当北半球在寒冬凛冽中积蓄温度，澳洲大陆则沐浴在南半球姗姗来迟又匆匆而去的夏季中。维多利亚州国立美术馆敞开怀抱欢迎人们走出家门，来吹南太平洋的自由的风。这座位于雅拉河南岸"墨尔本艺术区"的大型建筑是成立于 1861 年的澳大利亚第一座公共美术馆，共有 7 万多件藏品。凭借规模最大、参观人数最多、历史最悠久等真实数据，NGV 以一己之力奠定了墨尔本在全澳以及世界的艺术之都的地位。

进入 NGV，久违地站在由澳洲艺术家雷奥纳·法兰奇（Leonard French）设计的历时 5

年配置完成的世界最大彩绘玻璃"天棚"之下，与洒落的彩色光斑合影，欣赏备受瞩目、震动全澳时尚圈的香奈儿展，这是全澳第一次举办香奈儿的主题展览，一经开展就盛况空前，一票难求。

移步室外的 Grollo Equiset 花园，在早已成为网红景点的艺术装置"粉池（Pond[er]）"中，不仅能释放夏日清新的少女心，更能体会出设计团队 Taylor Knights 与艺术家詹姆斯·凯里（James Carey）对于自然的高级艺术解读。在维多利亚州有很多内陆盐湖，湖水呈粉红色，成为大自然的奇观，但因为含矿物质成分的原因，游客并不能真的下水去玩耍。而 Grollo Equiset 花园里的这个全部由无害材料制作完成的艺术装置把"粉色湖泊"呈现在参观者面前，游客们可以"沉浸"其中，零距离探索植物与水的空间，你甚至可以光脚蹚过这个粉红色的池子，感觉非常奇妙。这个美好的，参与感十足的艺术装置让每个人都加入这场与自然的互动，体验的同时也为澳洲那些色彩奇特的湖泊献上最高的礼赞。

作为《粉池》艺术装置的一部分，四周与 Ben Scott Garden Design 联合设计的维多利亚式花床同样用当地特有的植物元素展现了自然主义的最高境界——花朵会在不同时期、不同位置绽放，也就意味着你可以在任何时候都欣赏到自然生态的美丽和变化，一切师法自然，皆有安排。

我还发现，NGV 里竟然有约 2000 件中国藏品，在建馆 1 年以后，中国艺术品的收藏就已经开始，并在接下来的 160 年的光阴中，在遥远的南半球默默讲述东方的故事。1862 年，时任馆长的英国人林赛·伯纳德·豪（Lindsay Bernard Hall）追随本土热潮，率先收藏起亚洲艺术。开始时他们收藏的仅仅是出口器物，直到 1938 年，赫伯特·韦德·肯特（Herbert Wade Kent）慷慨捐赠了 129 件中国艺术品，奠定了中国艺术部以及 NGV 亚洲艺术部的收藏核心。

如今，中国艺术展厅陈列着跨越超过 4500 年历史的展品，以墓葬文物、文人艺术、佛教艺术和宫廷艺术 4 个模块开设展览，展现了中国人的生死观、价值观、宗教观和艺术观。从洛阳邙山唐墓的唐三彩镇墓兽，到明宣德青花高足杯，这个位于 NGV 里的"中国"用最直观的展品打开了中澳历史文化交流的通道。

如果说诸多欧洲国立艺术馆中的珠宝藏品是艺术和美学最极端的集中体现，那么 NGV 的珠宝收藏绝对可以说是独树一帜。作为一个岛屿国家，澳大利亚独有的孤绝和荒蛮造就了它举世无双的地缘特性，也让他的艺术家们更加关注环境以及所有生命共同的命运。从环境保护到动物保护，NGV 珠宝藏品的材质和主题与地球和宇宙息息相关，摒弃了繁缛的装饰和奢华的材质、细节和外形，把小小珠宝的张力最大化地转移到对于自然和环境的关切，把美感放大到对于原始的尊敬、认可和崇拜。

同时，原住民艺术家制作的珠宝作品更是让 NGV 在世界珠宝艺术展览中有了独一无二的亮点。作为世界上最古老的文化的延续，历史文化可追溯至 6 万年前。时至今日，澳洲原住民依然保留着自己的语言、绘画、音乐、饮食、作息以及艺术形式，而这一切都成了他们珠宝设计和创作最好的素材。原住民艺术家们擅长用原始的材料和手工艺来展现朴拙和蛮荒的美感，粗犷的线条瞬间能带领参观者置身于那片红色的土地，在迪吉里杜管低沉的音律中，看黄沙旷野，万古空茫。

# 英格兰哀悼戒指

*1750 年*

金、水晶、珐琅、颜料、象牙

Mourning Ring 即哀悼戒指，是为了纪念逝去的亲人、挚友而打造的珠宝，戴上它以寄托生者的哀思。这是一枚 1750 年英国珠宝商出品的很典型的哀悼戒指，材质不算贵重，设计也很简单。戒圈用黑白两种素色的珐琅描绘了死者的名字、生日、特别的纪念铭文等私密信息，透过主石水晶玻璃依稀可见下面画在象牙上的骷髅头像，在欧洲文化中，骷髅寓意死亡也代表新生，预示着永恒的生命。

现在看上去可能会觉得有点惊悚，但在欧洲特定的历史时期，这是从王室到平民都很流行的风俗时尚。哀悼珠宝，在英国维多利亚时代尤为风行，因为女王的丈夫阿尔伯特亲王在 1861 年去世，悲痛欲绝的女王甚至要求举国上下在 20 年间只能佩戴哀悼用的首饰，于是又掀起一波黑色哀悼珠宝的高潮。

# 土库曼部落胸饰

*20 世纪早期*

银、镀金、红玉髓

这件巨型的胸饰从上至下足足有 50 厘米，隆重而华美，是传统的土库曼部落（Turkmen）的珠宝饰品，当然能佩戴这么夸张造型珠宝的一定是地位显赫且身价不菲的大人物。土库曼部落是半游牧民族，由于历史上所处的地理位置多会接触到中东的"邻居"，于是长久以来有很多文化、人文的交融，珠宝、饰品的美学和工艺也多有借鉴。土库曼珠宝很爱采用银和红玉髓结合的配色，艺术的几何造型、精致的镂空，再融入阿拉伯式的特别纹样，造就了土库曼部落珠宝的经典设计。再配合一排灵动的垂穗，为简单造型平添一份动感韵味。图案虽不复杂，但无数细腻的工艺处理让人不禁为土库曼人的心灵手巧所折服。

古老的土库曼部落深信宝石有护佑神力的传说，他们认为佩戴红玉髓和银可以抵御死亡和疾病，而珠宝镶嵌绿松石则是纯洁的象征。长辈希望年轻女性多多佩戴珠宝，寓意多子多福。

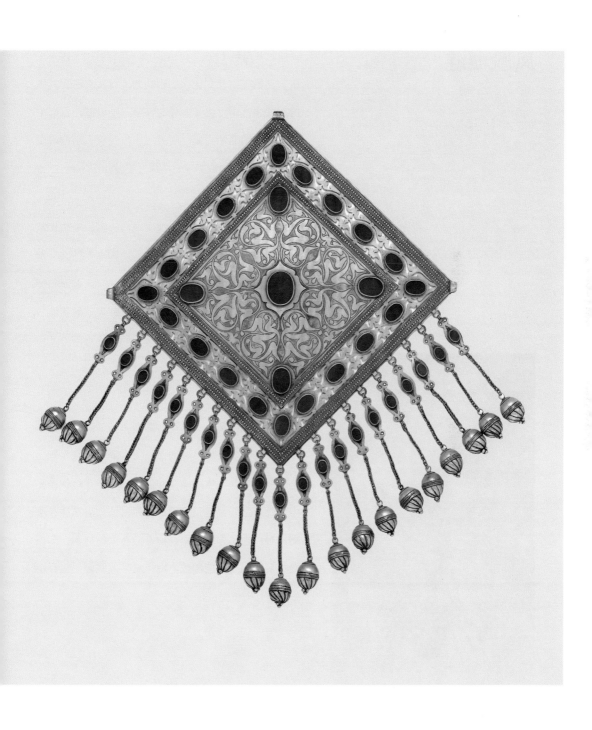

# 凤凰项链

*2009 年*

玻璃珠、钢针、氧化银、塑料

莎丽·利玛塔（Sari Liimatta）来自芬兰，她乐于研究动物在古代文化中的影响力，以及它们在人类的现代生活中发生了怎样的转变。她试图在首饰中展现动物的原始力量，同时用当代的机械结构来设计符合现代人佩戴需求的结构力学设计作品。

她常常强调自己只是一个报告者，作为一个艺术家在社会中占有一席之地，应该为动物做点什么。但莎丽·利玛塔的作品绝不是"平静的"，玻璃和塑料用小钢针固定在"凤凰"之上，针尖放射状地从四面八方射向中心，形成了奇异的、原始的、无声的震撼效果。

这条项链叫作凤凰，其实在莎丽·利玛塔的作品中并不十分常见，虽然她的作品大多围绕动物主题，但那些更多是写实的而并非虚构的。但在这件作品中依然可以看到她最常用的材料，比如玻璃珠、小钢针等。她认为玻璃是一种看似冰冷的材料，却需要极高的温度才能制成。她喜欢它的脆弱，也会小心处理它的硬度。

# "煤球"项链

*2019 年*

煤、植物鞣制的袋鼠皮、
桉树枝、上蜡的亚麻布

你认为人们佩戴珠宝首饰为了什么？用来装饰？显示身价？还是寻求护佑？这些都是千百年来人们对珠宝的传统认知，但桥本京子（Kyoko Hashimoto）希望她设计的当代作品能传递更多"价值"，她没有使用所谓的贵重宝石，极其朴素。

你一定想象不到这条项链的那些黑黑的圆球是什么？它们是从悉尼的盆地取回的煤炭，用车床精细地打磨成完美的"黑煤球"，然后用一小片袋鼠皮"抱"住每一个煤球，再用日式绳结将其"封住"。

作为一个 1980 年生于日本，1991 年来到澳大利亚的设计师，不难理解桥本京子"选材"的特殊理由，而她要说的"话"还不止这些。庄重地包裹煤球，是表达对这种人们通常觉得廉价和脏兮兮的材质的尊重，因为它们承托着远古文明的起源。而选择用桉树的小枝既隔断又连接每一枚由卷边袋鼠皮包裹着的圆煤球，象征着人类对自然界的敬畏。桥本京子运用日本经典绳结其实也有着哲学意义的解读，它表现了人与人之间的奇妙连接，因为绳结的编织过程是将没有交集的线在人的编织下"聚在一起、缠绕，有时又断开、再次连接"，而人的编织则是将无序变为有序的过程。

# "一片玫瑰" 胸针

*1991 年*

塑料、钢

一眼望去，彼得·塔利（Peter Tully）的这枚胸针的确有点"简陋"："一片"塑料的、不规则形状的玫瑰下面挂着一颗同样用塑料材质制作的水滴形坠子。这种形式恰恰是他善用的"武器"，就像新艺术运动时期崇尚自然和手工艺的艺术家们抗拒浮华烦琐的维多利亚风格一样，他同样希望用这样"简陋"的作品直指那些传统上被认为"高价"的东西。他不仅是首饰设计师，在时装、艺术等领域也推出实验性的创作，以作品提出引发深思的当代批评。他 1992 年去世，而这件 1991 年创作的作品已能完全表达他的观点，他以这种形式创作了许多作品，对澳大利亚的珠宝设计产生了深远的影响。

© Courtesy of the copyright owner, Merlene Gibson (sister)

# "我家乡的礁石"项链

*2017 年*

橡胶、"鬼网"、指甲油、
塑料封口带

Ellarose Savage 把这条项链叫作"我家乡的礁石（My home reef）"，她说："我曾经每天都和我父亲一起去潜水，去看海底的景色，在珊瑚礁中游弋的感觉很好。在我的艺术作品中，珊瑚礁始终是我灵感的一部分。"Ellarose Savage 是来自托雷斯海峡达恩利（Darnlry，当地人称 Erub）岛的土著艺术家，她另一个多次出现在作品里的标志性材质就是"鬼网（Ghost Net）"，所谓"鬼网"就是被弃用的渔网，它们在澳大利亚最北端的海岸线上被反复冲刷，海龟等众多海洋生物因困在"鬼网"中而被杀死。

她渴望用这样艺术的手法引发人们的关注，用橡胶扎成花瓣，"鬼网"是舒张的花蕊，还有现代人常用的塑料封口带穿插其中，彩色指甲油也成了她的"画笔"，把整条项链渲染得更加绚烂。

© Ellarose Savage

# "红线 2 号"项链

*当代*

银附粉末涂层

© Robert Baines

第一次看到这条项链是不是能从中看到些许古代的风格？设计师罗伯特·贝恩斯（Robert Baines）就是个从"古"走到"今"的"活宝藏"，2010 年他还被评为"活宝藏——澳大利亚工艺大师（Living Treasure-Master of Australian Craft）"。你一定无法想象他已是一个 70 多岁的老人，因为他的作品现代、有冲击力，还这么"红"，他的作品经常使用红色来传达很多象征意义。曾经，雕塑家克拉斯·欧登伯格（Claes Oldenburg）的一句话给他很大启发，"如果不成功，就把它变大，如果还是不成功，就把它变红"。这条"红线 2 号（Redline No.2）"项链就是罗伯特·贝恩斯很典型的作品，运用青铜时代的金工和伊特鲁里亚时期的造粒技术，这就是他的特点。他善于用现代技艺和形式打造复古风格，就像是把古希腊、古罗马的工艺和造型重新包装，汇入很多流派，给作品赋予了新的审美趣味，并且具有当代实践的宏伟性和讽刺性。

# 袋鼠牙项链

*2013 年*

袋鼠牙、皮革、筋腱、
泥土颜料

这条项链风格突出，一看便知是源自澳大利亚的原住民部落。的确，这样的项链就是原住民们古往今来的身体装饰。设计师马理·克拉克（Maree Clarke）就是在澳大利亚西北部墨累河（Murray River）河边的米尔杜拉（Mildura）长大，就是从这些部落中走出来的，一直以来，他都在研究、复兴原住民失传已久的传统文化和习俗。

这条项链上一共"镶"了89颗袋鼠牙。早年间，当马理·克拉克参观 NGV 博物馆时，看到一条 19 世纪的袋鼠牙项链，忽然深受启发。2008年，她和两位艺术家朋友，莱恩·特里贡宁（Len Tregonning）和洛基·特里贡宁（Rocky Tregonning）一起制作了她的第一条袋鼠牙项链。要知道做这样一条看似"简单"的项链并不比用贵金属和贵宝石镶嵌珠宝容易。首先要收集路边因为意外死去的袋鼠尸体，为了相连的造型，每只袋鼠只选取两颗前牙并在水中浸泡三周。这期间用赭石和荆树树脂混合成天然颜料，给"串"项链的皮革上色。最后用筋腱做成的线一颗一颗地绑住袋鼠牙齿再串联起来，一条袋鼠牙项链就完成了。

© Maree Clarke

# 米南加保金丝头饰

*20 世纪*

银、铜镀金、黄金

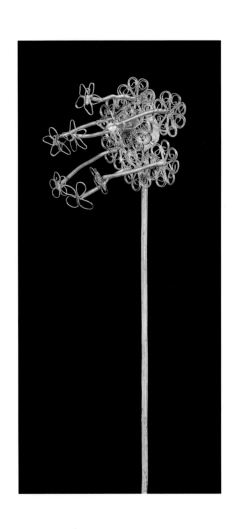

澳大利亚与一水相隔的近邻印度尼西亚始终联系紧密，这枚飘逸的发饰就是 NGV 收藏的印尼西苏门答腊岛米南加保（Minangkabau）族群的珠宝头饰。米南加保是世界上最大的仍保留母系氏族传统的民族，历来对珠宝有着自得一体的风俗传承。她们自古崇拜水牛，建筑屋顶是牛角的造型，传统服装搭配高高的包头也裹成牛角的形状，正好给头饰设计提供了大量的发挥空间。

米南加保族群里，婚姻实行男嫁女娶，姓氏和财产，包括家传的珠宝，都是由母亲传给女儿。在结婚或重要的节日，女性的珠宝佩戴更是隆重，巨大繁复的头饰，夸张的项链、胸饰，全套珠宝都要戴起来才更显重视和投入，女性的重要地位也格外突出。这只 20 世纪初期的发饰运用了典型的米南式（Minang）金工，类似细密繁复的花丝技术。最巧妙的是弹簧的小设计，小伞飞离"伞包"的瞬间，就像花瓣飘飞的那一秒，试想头戴着这枚颤动头饰走来的米南加保女人该有多强的气场。

# 22 世界饰品博物馆

World Jewellery Museum

## 打开外交官夫人的珍宝箱

在这儿：韩国首尔

去过那么多次韩国，每次都是围着景福宫、明洞、青瓦台这些耳熟能详的景点转悠。不是机缘巧合，我也不会在繁华热闹的首尔找到这处清静之所。转到美术馆聚众的三清洞，我无意间路过了一所女子高中，只是出于好奇在这条并不宽敞的小路上逛了逛，就发现了这家世界饰品博物馆。和周围韩国传统建筑有些格格不入，博物馆是很当代风格的，三层的建筑从外观看特别像个精巧的珠宝箱。一走进去，我瞬间就被征服了！不仅因这里有上千件藏品，光是出乎意料的布展就足以令人瞠目，没有一个展厅按常理布置，戒指展在墙上，珠宝悬浮空中……一切仿佛都在等待着参观者去探秘。

由于好奇心作祟，我迅速搜到博物馆的背景，原来这家博物馆的创始人是一位外交官夫人。1971—2002 年，李康媛女士在国外生活了 30 年，游历了 9 个国家。在公务生活之余，她被世界各地迥然有趣的珠宝形式深深吸引并开始了自己的收藏之路。2004 年 4 月，她在首尔创建了世界饰品博物馆（World Jewellery Museum）。也许你觉得它比不上那些世界闻名的博物馆的宏大、丰富，但它是馆长最最心爱的珍宝箱，这里的珠宝饰品都是她一件一件从世界各地精心甄选而来的。无论贵贱，每件珠宝都记录着一段悠久的珠宝历史，更封存了她那比珠宝还要闪亮的人生经历。

如何让人们和这所并不算大的私人博物馆美妙地偶遇，一定是让李康媛馆长在创始之初绞尽脑汁的课题，最终她的预想实现了。她就像一个魔法师，让每一个展厅的策展都标新立异、主题鲜明，本该平放的展柜凭空竖起，珠宝悬于半空、呼之欲出。一切都只为打动你的心灵，调动你的激情，从挑战常规、绝不落俗的角度来欣赏她那有趣的珠宝私藏。

10—19 世纪的 100 多枚戒指在"戒指墙"展厅里根据爱、权力、美丽、魔力、承诺 5 个"基因"被分类悬挂在半空的玻璃墙中。在每一面墙上，你都可以360度无死角地观赏每一枚戒指的全貌，毫无隔阂地欣赏能工巧匠代代进化的手艺。博物馆用极现代的方式展出古老文明留下的戒指，给人带来强烈的冲击。当周围灯光关闭、唯独戒指之光亮起时，百余枚闪着光的古董戒指"漂浮"在空中，让人有种恍如穿越时空的震撼。

走进五彩缤纷的珠子展厅，你会惊叹于人类祖先的超凡想象力和创造力，也会明白为什么当初非洲人不惜输出大量黄金、象牙只为从欧洲人手中换取这些灿烂的珠子。参观者在这个展厅不需要走太多步，因为所有的珠子饰品都被缠绕在了三座圆柱形墙灯之上，好似圆墙被"戴"上了一条条项链。站在原地自上而下浏览时，就如同观览了一部"世界珠饰发展变化史"的纪录片。博物馆故意将来自世界不同角落的珠子排列在一起，给人时空距离和风格节奏的强烈对比。你会惊讶于珠子竟可以被制成如此多样的装饰品。

新艺术和装饰艺术珠宝展厅拆除了笨重的展览柜，竖起一根根简洁的钢管，钢管支撑悬挂着珠宝的透明箱，如此罕见的布展方式还真是给人惊喜。错落排列的钢管不仅大大节省了地面空间，当你随意穿梭其中时又仿佛置身一座珠宝水晶宫。高低错落的珠宝箱令每一个参观者都能轻松地从各角度去欣赏珠宝的华美与精致。博物馆的灯光运用更是巧妙，全黑的展厅里只有珠宝箱里亮着灯，一件件流光溢彩的珠宝就像夜空中的星星一样闪亮，惊艳着每一位参观者。

来参观世界饰品博物馆，似乎在韩餐和美妆之外又给了我们造访首尔的更有意义的重要理由。并不用走太远，只随着外交官夫人30年走过的足迹，就可以一览跨越五大洲四大洋的古老珠宝，过瘾地体会一场穿越千年的文化之旅。

# 百变十字架

*19—20 世纪*

银、合金

这些大大小小 3 ~ 16 厘米不等的十字架都来自非洲的埃塞俄比亚。埃塞俄比亚是信仰基督教的古国之一，埃塞俄比亚的特殊文化及历史原因造成的交流隔绝使其东正教教会产生了许多当地特有的文化。

1600 多年来，埃塞俄比亚人深受基督教教义的影响，虔诚地佩戴十字架饰品，渴望得到信仰的护佑。丰厚的文化底蕴又让埃塞俄比亚人的十字架绝不一成不变。十字架设计样貌之丰富令人叹为观止，代表和平的小鸟、象征永恒的盘结、犹太教的六芒星，都是埃塞俄比亚十字架图案的灵感来源。这些十字架有的用传统脱蜡法铸造而成，有的则直接从当时的货币玛丽亚·特雷西亚（Maria Theresa）银币上切割下来，真是创意无限。

# 阿曼护佑寓意项链

*19 世纪末*

黄金、银、钱币、母贝

阿曼人对饰品非常热爱，妇女在重要场合会用头饰、额坠、耳环、鼻饰、项链、手镯、脚镯、戒指、脚趾戒等将自己"全副武装"起来。这里的珠宝文化由来已久，阿曼的银饰以银匠的手工艺而闻名，但银饰的制作材料主要依赖进口。

这条用玛丽亚·特雷西亚银币作装饰的护佑项链由沉重的链条和精致的银珠组成。黄金、银、钱币、母贝等珍贵材料的运用明显体现出佩戴者的富有和地位。项链坠饰是长圆形的守护盒，盒内可以妥善存放圣洁的纪念物以寄情达意。整条项链既有十足的装饰功能，又不乏护佑的深刻寓意。

# 中国苗族繁复头饰

*20世纪初*

铝

中国苗族数百年来的服饰文化非常有特点，以庞大、繁复、隆重为美。苗家姑娘过节时佩戴的首饰可达50余件，华丽的大银角头饰有半人多高。除了白银材质，苗族首饰还会使用金、铜、玉以及铝。这件头饰就使用了铝材，大大减轻了巨大头饰的重量。

苗族素来有图腾崇拜的传统，也善于从妇女的刺绣及蜡染纹样中汲取创作灵感。这件头饰的大银角模仿了水牛角的造型，因为在苗族人心目中水牛是具有神性的动物。龙凤图案有至尊的寓意，而勇士骑马的图腾是他们在铭记祖先迁徙和征战的经历、膜拜祖先的勇敢和顽强。苗族崇尚繁缛之美。银角下方的帽檐雕满了花、鸟、兽，预示生机无限。

# 非洲原住民琥珀珠串

## 19世纪末

银、琥珀

非洲摩洛哥原住民柏柏尔人对琥珀的感情极深。因为崇拜太阳，所以他们很喜爱外形、颜色都与太阳相似的琥珀。人们还相信琥珀有神秘的治愈功效，久而久之琥珀也就成了财富和地位的象征。琥珀项链曾是柏柏尔人结婚时最热门的礼物。柏柏尔人是非洲少有实行一夫一妻制的部落，妇女的社会地位都比较高，丈夫会送给妻子代表自己半个身家的琥珀项链，以表自己的诚意。父母为了女儿能体面出嫁，也有送一条色泽上等、有分量的琥珀项链作为嫁妆的传统。这条项链由琥珀珠子和大小不一的精致银珠间隔穿成，有60厘米长，深色、浅色的琥珀间隔搭配大颗银珠，尤显珍贵。

# 工艺美术骨瓷花饰

*1920 年*

瓷

娇媚的花朵是欧洲新艺术运动时期创作的常见灵感，这里用优雅的英国骨瓷把花朵雕刻得更加艳美。20世纪 20 年代已是新艺术运动末期，黄金精雕已渐渐淡出人们的视线，新材质的大胆运用令人惊艳。就像这枚瓷雕胸针，花朵的层次、色彩的渐变、花苞的栩栩如生以及与几片褪色绿叶的搭配，衬得花朵更加娇艳欲滴。

# 哥伦比亚黄金筏摆件

*7—16 世纪*

黄金

传说南美洲哥伦比亚古代举行新任酋长加冕仪式时，酋长会浑身涂满金粉，乘坐木筏进入湖心，将身上佩戴的黄金首饰和祖母绿都投进湖中，并跃入湖中将身上的金粉一洗而净。此时整个湖面变成了金色，湖畔的臣民拍手欢呼，并将手中的金饰纷纷投入湖中献给神灵。这件黄金筏摆件描绘的正是举行加冕仪式的情景，人物雕刻生动，金工高超，完美再现了神圣的加冕时刻。

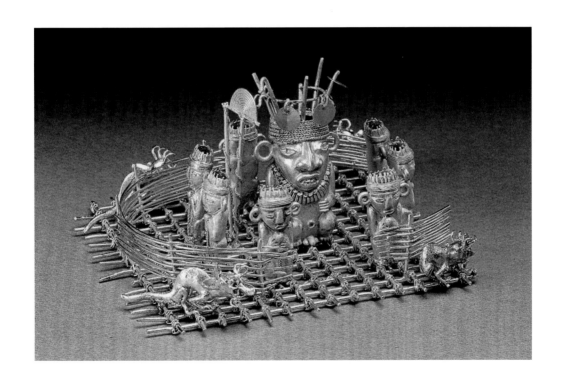

# 背部装饰传统饰物

## *20 世纪初*

银

这件造型简单的饰品并不是一般人所理解的常规首饰，而是中亚土库曼斯坦人戴在后背的饰物。它足有 22 厘米高，其主要作用也并非装饰或者炫耀，因为它们总会被佩戴者的围巾所遮盖。土库曼斯坦人认为，背饰的重要作用是帮助佩戴者抵御变幻莫测的自然。因为相对于身体其他部位后背更为脆弱，所以要有额外的保护使其免受伤害。银的材质、心形的造型寓意对抗邪恶，成为当时脍炙人口的装饰物。

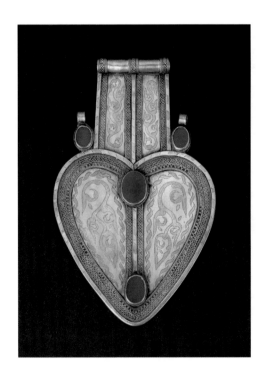

# 苏丹象牙戒指

*19 世纪末*

象牙

苏丹的丁卡人认为自己是人类族群中的精英。很难想象高大威猛的丁卡族男性竟然对象牙饰品喜爱有加，即便他们的象牙手镯坏掉了，他们也要留着残存的象牙碎片重新打造戒指。在丁卡部落中，只有位高权重的人才有资格佩戴这种造型夸张的符号形象的象牙戒指，戒身上的圆点在非洲艺术中代表星星或者他们的粮食黍粒。在狩猎地区，这些组合在一起的圆点代表狩猎者或是一场狩猎比赛。7 厘米高的戒指一定不是要日常劳作的普通人的玩物。可以想象，佩戴这种飞扬跋扈设计戒指的主人必然具有颐指气使的强大气场。

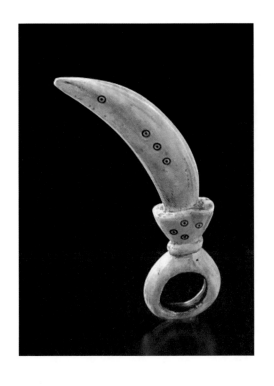

# 非洲古老货币

*19 世纪末*

玻璃

别看这些玻璃珠子貌似名不见经传，几百年前它们可是非洲人眼中身份和地位的象征，其价值高到必须用黄金、象牙和大批奴隶交换才能获得，曾一度成为非洲的流通货币。这些名为千花玻璃（Millefiori）的圆柱形珠子是在欧洲制珠胜地威尼斯纯手工制作而成的，每一颗珠子身上的花纹和造型都是独一无二、不可复制的。如今，早已变为机器化生产的千花玻璃珠子选择黏土作为新材料，曾经盛极一时的玻璃材质的珠子越来越难在市场上寻见其踪影。

# 23     H.Stern 宝石博物馆

H.Stern Gemological Exhibition

## 这里藏着 1007 颗神奇碧玺

在这儿：巴西里约热内卢

巴西是全世界最大的宝石出产国，彩色宝石产量占全世界的65%还要多。这里出产的红碧玺、托帕石、海蓝宝石还有祖母绿等宝石品质极佳，其中大名鼎鼎的帕拉依巴（Paraiba）碧玺，就是巴西独一无二的特有宝石。

来过里约热内卢的人都知道这里有一个当地的珠宝品牌叫H.Stern，无论奢华街道还是各大景点，随处都可以看到H.Stern大大小小的店铺。虽然H.Stern是里约本土品牌，但经过斯特恩（Stern）家族几代的经营，以及巴西彩色宝石的宝贵资源，如今H.Stern在国际上也成为可圈可点的珠宝大牌了。

H.Stern的创始人汉斯·斯特恩1922年出生于德国埃森（Essen）。1937年，一家人到达南美洲海岸，几乎没有任何财产。

当时年仅十几岁的汉斯·斯特恩将巴西作为他的新家园，他到了里约热内卢，典型的犹太血统赋予他精明肯干的传统精神。最开始他也只是在别人的宝石加工厂打工，后来在Cristab公司开始了他在宝石行业的职业生涯。这家公司从巴西出口宝石和矿物，有一次，斯特恩出差去了巴西的米纳斯吉拉斯州（Minas Gerais）。在印度的钻石资源耗尽之后，在南非发现钻石之前，巴西也发现了钻石，主要就是在这个地方。在骑马旅行时，斯特恩熟悉了当地人，认识了当地的矿工，并通过他们了解了矿区开采的不同矿物，包括黄水晶、碧玺和紫水晶。他非常用心肯学，只身一人跑到矿场跟当地人学找矿、看料，刚开始只是生意，但后来他渐渐地真的爱上了巴西丰饶的彩色宝石。他收集自己钟爱的宝石，从各地矿场搬回巴西特产的矿标，一年又一年他的收藏日见规模，竟然被他攒出来一座博物馆。如今收藏着汉斯·斯特恩的宝石和珍罕矿标的H.Stern宝石博物馆就在这里——H.Stern总店大楼的楼上。

博物馆门口巨大的黑白画面就是汉斯·斯特恩老先生当年在矿场里举着寸镜专注观察宝石的场景，在他的有生之年，那些宝石就像是他的爱人，而一个爱宝石的人能天天看着自己的收藏是件多么幸福的事啊，他更不会想到如今他的博物馆每年会有那么多珠宝迷慕名上门来参观。

博物馆虽不算大，却摆放着珍罕的矿标，包括碧玺、祖母绿、黄水晶、紫水晶等巴西独有的矿产，其中珍贵帝王托帕石是托帕石中最稀有的品种，只有巴西的米纳斯吉拉斯矿出产。每座矿标姿态千奇百怪，浅咖、深棕或墨黑的原始矿石和切割后璀璨闪亮的宝石交相辉映，方寸宝石却凝聚了地壳千百年的孕育，让参观的人们更加深刻地感受到地下宝石世界的神秘，以及宝石的完美和难得。有个展柜还把原石经过粗切到打磨，再到精细雕琢成为将要被镶嵌的高级珠宝的步骤一一展示出来，更让人们深刻理解到打造一件珠宝的费时和不易。

汉斯·斯特恩老先生一生最喜爱的宝石是碧玺。一年又一年，不知去了多少家矿场，不知见过多少种宝石。他收集了上千颗各种各样、不同颜色的碧玺，只有人们还没找到的，没有他没有的。1983年宝石博物馆成立，汉斯·斯特恩的1007颗珍藏碧玺自然成了最有故事的镇馆之宝。

博物馆内仅仅展示自家收藏的宝贝好像还不足以展示H.Stern的热情，他们甚至还打开了珠宝工作室让人们参观。这里不但有制作珠宝的工具和器械，还有工匠现场示范，如果你曾好奇珠宝是怎样做成的，这可是个千载难逢的好机会！

# 双色帕拉伊巴

所有碧玺品种中最让收藏家们心跳加速的无疑是帕拉伊巴碧玺。在高级珠宝展上时常能看到它的倩影，其价值不亚于红、蓝宝石。帕拉伊巴碧玺的独特之处在于它的化学成分中含有铜离子，才使它拥有糖果般的亮丽色彩。帕拉伊巴地区出产的碧玺有蓝、绿、紫和粉红色，其中霓虹蓝最为珍贵。

这颗水滴形帕拉伊巴碧玺一半是经典的霓虹蓝，另一半是艳彩紫色，两者之间的界线分明。双色的帕拉伊巴碧玺并非超级罕见，但两边颜色都如此明亮饱和的绝对是独一无二的。备受追捧的帕拉伊巴碧玺除了颜色讨人喜欢外，另一个珍稀度极高的原因是帕拉伊巴地区的矿山如今差不多已被挖空了，资源有限价值自然就水涨船高了。

# 带黄色调的
## 绿碧玺

碧玺家族是宝石中分支最多的品类，排出一道彩虹根本就是小菜一碟。它的化学构造种类繁多，除了晶体结构是一样的，剩下的共同点就只有都含硅和硼离子，所以宝石交易中大家都把它们用颜色来区分。宝石级别的碧玺有 5 大分类，其中最大的分类是锂电气石。锂电气石最早是在意大利的厄尔巴岛上发现的，就是拿破仑第一次被流放的那个小岛，所以它的英文名字叫作 Elbaite。而锂电气石中最常见的颜色是绿色，以前常常被人们误认为是绿宝石。如果你看到有石头被标成巴西绿宝石，那十有八九其实是绿色锂电气石。现在终于说到 H. Stern 宝石博物馆中这颗来自巴西圣罗莎矿的绿色锂电气石了。如果你觉得绿色碧玺不稀奇，那绿中带黄的碧玺可是少见得很，最近几十年在圣罗莎矿都再没找到过相同颜色的碧玺了。

# 珍罕三色美艳
碧玺

矿石的颜色有成千上万种，两极双色的宝石已让人感叹大自然的神奇，而竟然还有更多颜色掺杂的碧玺。其实多色碧玺就是一块宝石拥有两种及以上不同的颜色，说白了就是矿石在形成的过程中矿流体发生了变化，使得矿物在生长过程中混进了别的离子。双色碧玺最常见的颜色组合是红配绿，红色可以从粉红色跨到紫色，绿色则能延伸到绿蓝色。为了显示出双色碧玺在色彩上的独特，它们经常被切割成长方形，正好一端一个颜色。比双色碧玺还要罕见的，那自然是三色碧玺了。三色碧玺的形成原理跟双色的一样，只是中间多了一个混合出来的过渡色。H. Stern 宝石博物馆中的这颗三色碧玺从紫色过渡到粉红色，再转变成暗绿色，如此奇特的色彩变化极为难得一见。

# 粉橙幻色碧玺

最早关于碧玺的记载出现于 18 世纪，在那之前人们自然也挖到过碧玺，只是大家都把它们误认为是别的石头了。1777 年瑞典国王古斯塔夫三世拜访俄国，顺便向叶卡捷琳娜大帝的侄女求婚。为了表示诚意他送给俄国女皇一颗巨型红宝石，称为凯撒的红宝石，后世人们发现其实这所谓的红宝石根本是颗碧玺。别说是国王了，就连经验丰富的宝石商人也有可能认错。汉斯·斯特恩先生当年买这颗粉橙色的碧玺时，宝石被标成了帝王托帕石。虽然斯特恩先生一眼看出这其实是颗碧玺，却还是以高价买下，只为获得一颗与众不同颜色的碧玺。

# 名矿出身绿碧玺

这颗绿碧玺是著名的厄尔康达矿中最早出产的一批碧玺。这个厄尔康达矿并不是印度传说中的钻石矿，而是坐落在巴西米纳斯吉拉斯州，它的知名度可以跟南非金伯利和缅甸抹谷不相上下。这里是全球伟晶岩最多的地方，孕育了托帕石、祖母绿、海蓝宝石、钻石等形形色色的珍贵宝石，时至今日人们还经常在这儿找到新的宝石品种。别看只是一颗小小的宝石，它可比什么都更讲究血统和出身，一写上来自厄尔康达，身价顿时要提高不少。人们时常把位于米纳斯吉拉斯的厄尔康达矿叫作"碧玺中的厄尔康达矿"，可见这里出产的碧玺都是精品中的精品，它们的特征就是这种绿色偏蓝的迷人颜色。如今厄尔康达矿早已关闭，再想找到来自那里的碧玺已是一个拼运气的事了。

# 奇妙色彩
# 西瓜碧玺

著名宝石学家爱德华·约瑟夫·古柏林（Eduard Josef Gübelin）曾说："如果一个收藏家把各种颜色的碧玺作为收集目标，那他将发现就算用一辈子的时间也不够来找齐那些成千上万种颜色的碧玺矿标。"你一定好奇汉斯·斯特恩老先生是怎样开始这项不可完成的任务的。图上这颗色彩鲜明的西瓜碧玺就是把他拉上"不归路"的"罪魁祸首"。西瓜碧玺属于锂电气石的一种，可谓是碧玺家族中最特别的成员。它有一圈绿色的外围，而内心则是粉红色，跟西瓜长得一模一样。真正能达到西瓜级别的碧玺也是少之又少，而且百分之百都含有包裹体，看似不完美其实很完美。上天还真是公平，既赐予它最奇妙的颜色和外形，却又留下那么一丁点遗憾。

# 24 南京博物院

Nanjing Museum

## 解读中国千年文化密码

在这儿: 中国南京

除了故宫博物院，南京博物院也是中国三大博物馆之一，馆藏文物 432768 件（套），其中珍贵文物就有 371032 件（套），而我这一次来到南博最大的感受就是它不仅是珍罕文物的收藏者，更是中国数千年历史和文化的解读者，而后者更加意义非凡。

南京博物院坐落在六朝古都金陵城——南京，是汇集了六朝胜地、十代都会的人杰地灵之地，在漫长历史中，既历经着日新月异的变化，也是冥冥之中的天选之地。这里地处长江下游，北接淳朴厚实的齐鲁风采，西染神秘高冷的荆楚之风，南拥勤恳细腻的百越韵味，自然与人文禀赋优越，艺术与文化百花齐放。

走进南京博物院，主殿是仿辽代的建筑风格，这在当年多为仿明清官式的提案中可谓独树一帜。它由民国著名建筑师徐敬直设计，由梁思成建议修改。屋面平缓，全貌不失厚重大气风致；斗拱粗壮，挑檐平添轻快之气。真正是"金镶玉成，宝藏其中。"

43 万多件文物一部分是从中央博物院筹备处接收而来，其他则来自新中国成立后数十年来的考古发掘、征集、收购、捐赠、接收及交换等渠道。藏品的年代从旧石器时代（距今约 300 万年至 1 万年）直至当代，百万年的时间跨度，以石器、陶器、玉器、青铜器、瓷器、书画、织绣、竹木牙雕、民俗和当代艺术品等形式呈现出来。

一院六馆，1 号历史馆是我花费最长时间的一个展馆。这里展示了从数十万年前的旧石器时代到唐、宋、元、明、清时期的精选文物和标本，灿烂的江苏古代文明就如戴上了 VR 眼镜一样在我面前展开。新石器时代的彩陶扁腹钵，陶体色彩依然艳丽，极简的艺术造型可见匠人已具备丰富的力学经验。如果遮住说明牌，你完全猜不出它的年代，立体对称的花叶纹竟然非常摩登现代，错落又平衡的连续图案透露出画师朴素而又高级的审美。原来当代中式珠宝常用的卷云纹在西周初的青铜兽面纹铜铙（青铜打击乐器）上就已出现，好多组粗细不同的卷云纹构成兽面，平雕的连珠纹做衬底，纹路虽不复杂，但依靠匠人的智慧和品位，工艺和形式略微变化、重新组合就形成一个新的艺术画面。还有新石器时代的玉串饰、战国末期的错金银铜壶、西汉的金兽、东汉的广陵王玺、西晋的青瓷神兽尊、南朝的竹林七贤与荣启期砖画、明洪武的釉里红岁寒三友纹梅瓶等，不胜枚举的国宝级文物让人目不暇接。

走出展馆我不觉心生愧意，如此博大精深的历史珍藏胜地，我人生过半却才第一次造访，心中也暗自给自己留了作业，很多展品背后的故事一定要好好再去翻查，或是请教资深专家。万千年的中国历史、文化一脉传承，渗透在中国人的骨血里，也潜移默化地影响着一代代艺术家的灵感思路，生生不息。

如果你觉得南博一定是个老成持重的地方，当你真的走进来肯定会出乎意料，比如民国馆就又有趣又好玩。在仿真的民国南京的银行、邮局、银号、照相馆里溜达一圈，在咖啡店里歇一歇、喝一杯，好像穿越到了《上海滩》，感觉冯程程就挽着许文强从身边经过，还必须得是周润发、赵雅芝那版的……民国老照片展最触动我，一张张照片展现了 1912 至 1949 年之间的南京城，左右对照看新旧照片的直观对比，震惊于南京城翻天覆地的变迁和发展。今非昔比，平地起高楼，扬尘的土路秒变亮堂的街区，绿树、花园越来越多，让人不禁感慨真的是历史几十年，定格一瞬间……

逛到数字馆更是让人耳目一新，穿越时空是人类的梦想，数字馆通过虚拟"时光隧道"营造出时间飞逝、万物沧桑的情境感。用声、光、电的黑科技来演示中华文明的发展历程，这种方式得到年轻人的热烈反馈，玩乐中就满足了好奇心，了解了中国历史。

一场美好的南博之旅完全打破了我对一间传统博物馆的固有印象，它的确很古老，收藏着万千年前的珍稀文物，它也可以很新潮，让历史就发生在你身边。这让我想起尹烨的《生命密码》，他在书里写道："如果把地球存在至今的 46 亿年历史浓缩成 365 天，那么其实人类仅仅在 12 月 31 日才出现。"之前看到这里我就觉得非常惊叹，感觉难以想象，而当我走进博物馆时，忽然体会到了这个感觉，一瞬间就觉得人类真是太渺小了，但又觉得很神奇，在这里仿佛可以穿越千万年，自由自在地品赏历史文化、艺术美学。

# 古老金工西汉金兽

*西汉初*

黄金

西汉金兽到底是个什么兽呢？它躬身蜷伏，伺机待发，双目圆睁，神态警觉，总体的样貌像虎，但更像豹。要知道，虎豹在中国古代被视为神兽，这个物件被铸成虎豹形，想来必有辟邪祈吉的作用。

西汉金兽身高 10.2 厘米，身长 16 厘米，身宽 17.8 厘米，重达 9100 克，据说含金量高达99%，在 2000 多年前的战国晚期至西汉初期，应该价格不菲。但它可不是一件普通的摆件，从江苏盱眙南窑庄西汉窖藏出土时，金兽盖在战国错金银重络铜壶（另一件重要文物）之上，而罩在金兽和铜壶的上面还有一个宽沿薄壁的铜盆，已经腐败破碎。往铜壶内看可是大有"内容"，里面装有 9 块金饼，5 块马蹄金和麟趾金，还有 11 块楚国金币，原来金兽"守护"的竟然是这样一个惊天大秘密。

金兽虽是空心，但外壁很厚，腹内壁刻小篆"黄六"二字，"黄"指黄金，"六"应是序数。金兽是浇铸成形的，表面上大小一致的圆形斑纹是在金兽铸成后再特意用工具锤击上去的，是青铜铸造工艺与金器锤击工艺完美结合的作品。

# 金蝉玉叶头饰

*明代中期*

黄金、和田玉

金蝉玉叶是 1954 年在苏州五峰山博士坞明代弘治年间的进士张安晚家族墓地 14 号墓中出土的。一只金蝉在玉叶上，雕琢得惟妙惟肖。金蝉含金量很高，成色达到 95% 或更高。玉叶是用新疆和田所产的羊脂白玉精工雕刻而成，细腻润泽，叶片被打磨得很薄而且呈弯弧状，厚度仅有约 2 毫米，工艺极其精深，很有难度。叶脉雕刻清晰写实，叶子边缘被磋磨得圆润光滑，叶片下有装置连着发簪。金蝉玉叶出土时被放在墓主人的头部，同时出土的还有银笄两件、金银嵌宝玉插花四件，证明这些都是贵族女子头上的饰物。

蝉又称"知了"，"知"谐音"枝"，"金蝉玉叶"意为"金枝玉叶"。中国古代对女子的美好赞美就有"金枝玉叶"一说。而蝉的生长过程需要蜕好几次壳，古代人认为这寓意着一种重生，所以把以蝉为主题的饰物陪葬墓中，就是希望逝者死后能够重生。

"金蝉玉叶"头饰出自明代中期，制作技术十分复杂、艰难。金蝉采用了压模铸范、薄金延展、錾刻、焊接等工艺。玉叶展现了传统的阳线、阴线、平凸等多种琢玉工艺，抛光细腻，薄胎圆润，琢工精致。

# 透雕人鸟兽玉饰件

*良渚文化时期（公元前 5300—前 4200 年）*

玉

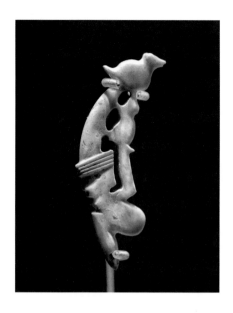

这是中国出土年代最早的人鸟兽图案的透雕精品。这件玉饰件出自中国良渚文化时期，也就是公元前 5300 至前 4200 年左右，距今六七千年前，基本和古埃及文明同期比肩。

透雕人鸟兽玉饰件 1991 年出土于江苏昆山市赵陵山遗址 77 号墓中，出土时被放置在墓主人右脚下的一个石钺的圆孔处。钺作为一种由武器演变而来的礼仪用器，显示墓主人生前拥有的军事权力。透雕人鸟兽玉饰件应该是钺上的配饰，由透闪石软玉制成，运用了线刻、圆雕、透雕、钻孔、琢磨、抛光等多种复杂技法。整个饰件的构图也很独特，主体是一个蹲踞抬手的侧身人像，头部位置以凹下的小圆坑表示眼睛，而边缘的曲线勾出嘴和鼻子，头的上面阴刻着平行纹的凸棱表示冠帽，冠帽上方高耸着一支羽翎。在戴羽冠的人脸一侧，有一只和羽冠相接的走兽，而它的上面有一只浮雕小鸟，扁喙微张，尾巴翘着。整个构图造型就是人、兽、鸟纹合而为一，表示上能通神，下能祭地、祭祖，三位一体，消灾祈福。史前文明中经常可见对鸟兽图腾的无限崇拜，它们也是古代人朴素生存和繁衍的保护神。

# 25　故宫博物院

The Palace Museum

## 金碧故宫 大赏珍玩

在这儿：中国北京

图片 / 视觉中国、IC photo

逛了这么多世界闻名的博物馆，怎能不带大家鉴赏一番家门口的故宫博物院？坐拥金碧紫禁，览尽天下珍玩，建立在明清两朝皇宫之上的故宫博物院并不傲才以骄人，永远都是静静地凭其皇家中正的重重宫阙、海纳百川的万千珍藏来迎接世人，不争娇宠，下自成蹊。

为了把这篇写出中国人的情怀，我特意再次走进了故宫博物院，淋着小雨，呼吸着深宫殿堂间的温润空气。作为一个中国人，踱步在这几百年前皇室的青灰砖上，我发现我并不比一个外国人来得更镇定。太和殿的雕龙髹金大椅和数不清的金龙纹，武英殿旁的断虹桥和桥上的白玉石栏板上依然清晰的花卉行龙图案，还有屋脊之上等级森严的兽件……威严平地而起，令人肃然起敬。

作为一个现代人，看到新石器时代的玉器或是明清朝代的珐琅器，还有清代宫廷后妃的首饰、乾隆时期的中国钟表，我瞬间感觉仿佛在和古人进行一场穿越历史和文化的隔空交流。那些工艺之美、那些设计之盛已令我心潮澎湃。

故宫由明朝皇帝朱棣始建于 1406 年，故宫博物院则成立于 1925 年。和法国的卢浮宫异曲同工，它们都曾经是皇家宫殿，不仅每一块砖瓦见证了朝代更迭和历史跌宕，一件件珍罕的藏品更是每个时代、每种风格的凝聚和定格。但是我要告诉你的是，卢浮宫占地面积只相当于故宫的三分之一，故宫博物院现有藏品超过 180 万件，是卢浮宫的 4 倍之多。是不是特别为自家的故宫博物院感到骄傲！

故宫博物院珍藏的宝贝分门别类数不胜数，除了古建，还有书画、陶瓷、雕塑、青铜器等广博的分类。说到我的最爱，当然非珠宝莫属，它们大多聚齐在宁寿宫的珍宝馆里定期展出。故宫博物院的收藏以清代宫廷珍宝为主，宫廷用品大部分由紫禁城内掌管营造的机构——造办处奉旨制作，还有一些则是年节庆典时地方官吏的贡品。这些珍宝大都选用黄金、银、玉、翠、珍珠及各种宝石等贵重材料，并征调各地著名匠师设计、制造，竭尽巧思，不惜工本，一器之成往往经年累月，其工艺代表了当时的最高水平。有意思的是，宫廷珠宝不仅分类繁杂，在应用上还要广泛遵从复杂的宫廷典章礼制、宗教祭祀习俗等，处处显示出皇权的无上尊严，不能戴错，更不能不合礼数。

近距离仔细欣赏后妃们的件件头饰、颈饰、手饰、佩饰，设计和材质已花样繁出，再去辨识那些猜不透看不懂的工艺，更被古老的皇家工匠鬼斧神工般的技艺深深地折服。比如点翠，用珍贵的翠鸟羽毛来修饰金银，是中国古代首饰工艺的绝活儿。它其实以金属为依托，将翠羽仔细地粘贴在金属底座上。因为翠羽难以获得且制作过程耗时很长，所以点翠这种视觉效果上极尽绚烂的工艺只有在皇家才能被大量运用，清代乾隆时期的金银饰品则代表了点翠工艺的最高水准。

一件金镶珠石累丝升官簪让我见识了素称"燕京八绝"之一的累丝工艺，精巧得让人难以置信。它是将金、银等富有延展性的贵金属抽成细若毫发的丝状后，通过堆垒、编织、攒焊等方法进行塑型，细致入微，功力毕现。清代宫廷大量使用花丝工艺制作金银器，有的珠宝还融合镶嵌宝石和点翠等工艺，更是皇家富丽的集大成艺术珍品。

还有錾刻工艺也必须称颂，故宫博物院的大量錾刻金银器在你面前毫无遮拦地铺展着皇家奢华。简单地说，錾刻工艺就是利用贵金属的延展性，用工具从金属正面或背面敲击，使金属呈现出花纹。在实际操作中，錾刻需要经过非常复杂的工序，工匠要在掌握钳工、锻工、钣金、铸造、焊接等多种技术的同时，还具有绘画和雕塑基础，方能成就一件精美的作品。

流连在珍宝馆里，我已迷失了自己，忘记了时间。这一件件清代宫廷珍宝在今天所承载的意义，已远远超出了它的单纯材质甚至其工艺的价值，更多反映了中国传统文化博大精深的底蕴，成为那段历史的传神写照，直至今日依然闪耀着东方古国的繁盛与辉煌。

# 孝端显皇后凤冠

*明代*

黄金、竹丝、珍珠、红宝石、翠鸟羽毛

凤冠是皇后的礼帽，一般在接受册命、祭祀天地、参加朝会时佩戴，是女性最高权威的象征。据明永乐三年（1405年）的《明会要》记载，皇后的凤冠被规定为"九龙四凤冠，漆竹丝为圆匡，冒以翡翠，上饰翠龙九金凤四，正中一龙衔大珠一，上有翠盖，下垂珠结，余皆口衔珠滴。珠翠云四十片，大珠花十二树，小珠花如大珠花三数"。这顶凤冠高35.5厘米，直径20厘米，重2.95千克，以髹漆细竹丝编制，通体饰以点翠云片，缀有18朵珍珠宝石嵌制的梅花。冠前部饰有点翠飞凤一对，顶部饰金丝龙三条，左右两条金龙均口衔珠宝流苏，冠后饰以六扇珍珠宝石"博鬓"，冠口饰整圈红宝石花朵。整件凤冠端庄华贵，母仪万方。

# 谁曾拥有它：明神宗孝端显皇后

这件明万历年间凤冠的主人是母仪天下 42 年的明神宗孝端显皇后，她是万历皇帝的原配，是中国历史上在位时间最久的皇后。孝端显皇后 13 岁嫁给万历皇帝，是万历皇帝在位 48 年唯一一位亲自册立的皇后。她在位期间行事端谨，威严显贵，颇有慈孝的美名，也深得皇帝的恩宠。根据这件凤冠就不难看出孝端显皇后的地位和尊严，无论是黄金、珍珠等珍贵材料的选用，还是点翠等奢华工艺的运用，还有级别分明的龙凤装饰，都可辨识出皇后的位高权重。

# 奢华点翠五凤钿

## *清代*

黄金、银、翠鸟羽毛、珍珠、珊瑚、
绿松石、青金石、红宝石、蓝宝石

爱看清宫戏的人对清代后妃平时佩戴的便帽——钿子一定不会陌生。与影视道具相比，真正的清宫钿子选材非常考究，制作异常精良，珠光宝气，主要用于在吉庆场合和传统节日时佩戴。珍宝馆中陈列的这件点翠嵌珠宝五凤钿表层全部点翠，钿的前部缀有5只黄金累丝凤，凤下排缀9只银镀金金翟。凤和翟口衔珍珠，钿的前后分别缀有珍珠、珊瑚、绿松石、青金石、红蓝宝石穿成的流苏。这只凤钿高14厘米，宽30厘米，重671克，用大珍珠50颗，二等、三等珍珠数百颗，宝石200余枚，极尽奢华。

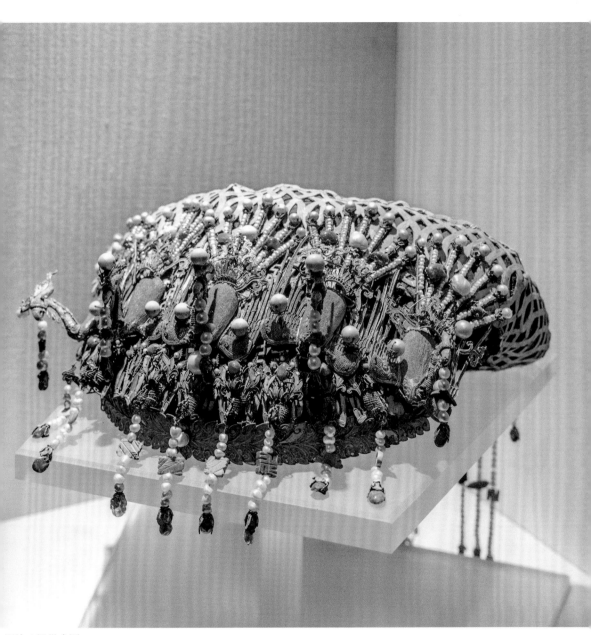

# 金累丝嵌珍珠宝石九凤钿口

*清代*

黄金、珍珠、碧玺、珊瑚、青金石

虽然清代宫廷后妃舆服制度非常复杂，但简单的区分诀窍就是凤越多的等级越高，一般有九凤、七凤、五凤等。这件金累丝嵌珍珠宝石九凤钿口因有9只金凤，很容易被辨识出曾为皇后、太后御用。这件九凤钿口每只凤凰的头顶都镶嵌一颗珍珠，凤凰口里衔着垂穗流苏。流苏非常讲究，每串各穿7颗珍珠，中间还缀着碧玺、珊瑚、青金石等彩色宝石坠角。黄金累丝工艺精妙绝伦，凤凰身姿栩栩如生。

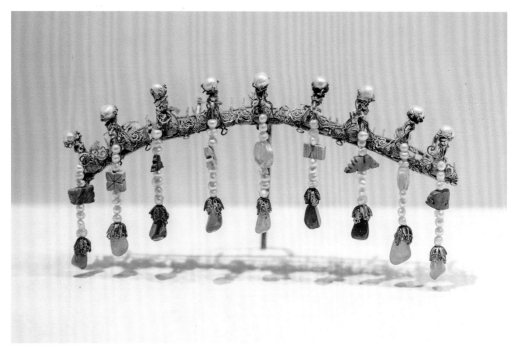

图片 /IC photo

# 皇后御用冬朝冠

## *清代*

黄金、珍珠、貂皮、猫眼石

朝冠是皇帝、皇后出席祭祀天地、册封、朝会等正式场合所佩戴的官帽。每一种装饰都有相应的象征意义，多少只龙凤、多少颗珍珠、多少颗猫眼石都要严格遵循舆服制度，不能有丝毫差错。这件貂皮嵌珠冬朝冠顶有3只金凤，间镶数颗东珠，周围缀7只金累丝凤，各饰猫眼石1颗、东珠9颗。冠后饰金翟1只，翟背部镶猫眼石1颗，翟尾垂珠穗横二排竖五列，为皇后朝冠礼制。

图片 /IC photo

# 高品级金镶东珠耳环

*清代*

珍珠

东珠对清代宫廷具有象征性的意义。因为东珠产于其龙兴之地——东北松花江等流域，所以清代宫廷对东珠近乎垄断的使用让东珠成为当时珠宝饰物中最高等级的象征，就算你富甲一方也不能佩戴。这对据说是慈禧太后的金镶东珠耳环看似简单，却体现了严格的等级制度。穿朝服时，只有皇后、太后戴的耳环可以每边各镶三颗东珠，其他嫔妃万万不可逾越。这对东珠耳环选用的珠粒均匀饱满、光洁润泽，很可能是慈禧的爱物。

图片 / 视觉中国

# 至尊皇家朝珠

*清顺治*

黄金、珊瑚、绿松石、猫眼石、
珍珠、红宝石

大家都知道朝珠由 108 颗珠子穿成，这串朝珠竟然用了 108 颗东珠。清朝典章礼制规定东珠朝珠只有皇帝、太后、皇后在宫中举行大典时才能佩戴，王侯大臣不能随意使用，是极其正式而隆重的珠饰。

这串 108 颗东珠朝珠被 4 颗珊瑚结珠平均等分，珊瑚结珠两侧各穿有 1 颗青金石结珠。其中一颗珊瑚结珠连接绿松石佛头，以黄绦与背云（背后的垂穗）相连，背云上嵌金镶猫眼石 1 颗，并将珊瑚雕成蝙蝠形状制成结牌，另有东珠结珠 4 颗，坠角以金累丝为托，下坠红宝石 1 颗。由此不难看出，唯有至尊皇族才能拥有如此典制分明、宝石珍罕的朝珠。

图片 /IC photo

# 乾隆题诗的
# 玉雕大作

*清乾隆*

白玉

这件玉雕器物从内容到风格的灵感都源于康熙时宫廷画家的作品《桐荫仕女图》，是清代圆雕玉器的代表作。玉材是白玉质，外层有黄褐色玉皮。以月亮门为界，庭院被分为内外两部分：门外女子持灵芝，周围有假山、桐树；门内女子持宝瓶，周围缀以假山、芭蕉、桐树、石桌，两位女子似乎还在遥遥对视，巧思灵动。乾隆对此件作品大加赞赏，器底阴刻诗、文，诗云："相材取碗料，就质琢图形。剩水残山境，桐檐蕉轴庭。女郎相顾问，匠氏运心灵。义重无弃物，赢他泣楚廷。"末署"乾隆癸巳新秋御题"及"乾""隆"印各一。文曰："和阗贡玉，规其中作碗，吴工就余材琢成是图。既无弃物，且仍完璞玉。御识。"末尾有"太璞"印。

图片 / 视觉中国

# 参考文献

[1] 翁贝托·艾柯．美的历史 [M]．彭淮栋，译．北京：中央编译出版社，2007.

[2] 粘碧华．首饰设计百种——历史．美学与设计 [M]．台北：雄狮图书公司，2007.

[3] 扬之水．中国古代金银首饰 [M]．北京：故宫出版社，2014.

[4] 休·泰特．世界顶级珠宝揭秘：大英博物馆馆藏珠宝 [M]．陈早，译．昆明：云南大学出版社，2010.

[5] 狄玉昭．珠宝的历史 [M]．哈尔滨：哈尔滨出版社，2007.

[6] 尚美巴黎CHAUMET，故宫博物院．尚之以琼华：始于十八世纪的珍宝艺术展 [M]．北京：故宫出版社，2017.

[7] [德] 克劳迪娅·朗法可尼．女人与珍珠：绘画与摄影中的恋物史 [M]．宁宵宵，译．北京：中央编译出版社，2011.

[8] [美] 玛德琳·奥尔布赖特．读我的胸针：一位外交官珠宝盒里的故事 [M]．邱仪，译．南宁：广西师范大学出版社，2011.

[9] 故宫博物院．清代后妃首饰 [M]．北京：紫禁城出版社，1992.

[10] [英] 戴安娜·斯卡斯布雷克．千灯闪耀：跨越三百年的珠宝珍藏 [M]．上海：上海书画出版社，2020.

[11] 辽宁省博物馆．博萃臻艺：中西方珍宝艺术 [M]．沈阳：辽宁人民出版社，2013.

[12] 史永，贺贝．珠宝简史 [M]．北京：商务印书馆，2018.

[13] [美] 阿拉斯泰尔·邓肯．装饰艺术 [M]．何振纪，卢杨丽，译．杭州：浙江人民美术出版社，2019.

[14] [英] 伊丽莎白·卡明，[英] 温迪·卡普兰．艺术与手工艺运动 [M]．胡天璇，胡伟立，译．杭州：浙江人民美术出版社，2018.

[15] 李惠. 冬宫博物馆巡礼 [M]. 上海: 上海交通大学出版社，2014.

[16] 赵声良. 文明的穿越——世界四大博物馆巡礼 [M]. 北京: 中国青年出版社，2014.

[17] [美] 乔治·E. 哈洛，安娜·S. 索菲尼蒂斯. 宝石与晶体: 来自美国自然历史博物馆的珍宝 [M]. 郭颖，等译. 重庆: 重庆大学出版社，2017.

[18] [英] 克莱尔·菲利普斯. 珠宝圣经: 从古至今全面讲述西方珠宝发展简史 [M]. 别智韬，柴晓，译. 北京: 中国轻工业出版社，2019.

[19] [美] 汤姆·佐尔纳. 欲望之石: 权力、谎言与爱情交织的钻石梦 [M]. 麦慧芬，译. 上海: 生活·读书·新知三联书店，2016.

[20] 刘永升. 罗马文明——青少年知识文丛 [M]. 北京: 大众文艺出版社，2010.

[21] 刘永升. 希腊文明——青少年知识文丛 [M]. 北京: 大众文艺出版社，2010.

[22] Hugh Tait. Seven Thousand Years of Jewelry [M]. London: British Museum Press，1986.

[23] Clare Phillips. Jewels & Jewellery [M]. London: Thames & Hudson，2000.

[24] Charlotte Gere，Judy Rudoe. Jewellery in the Age of Queen Victoria: A Mirror to the World [M]. London: British Museum Press，2010.

[25] Sabine Albersmeier. Bedazzled: 5000 Years of Jewelry（The Walters Art Museum）[M]. GILES，2006.

[26] Susan La Niece. Gold [M]. London: British Museum Press，2009.

[27] Clare Phillips. Jewelry: From Antiquity to the Present（World of ART）[M]. London: Thames & Hudson，1996.

[28] Cally Hall. Gemstones [M]. London: DK Publishing，2002.

[29] Kimberly Jayne Gray. The London Antiques Guide: Street-by-Street, Style-

by-Style[M]. London: Thames & Hudson, 2005.

[30] Diana Scarisbrick. Timeless Tiaras: Chaumet from 1804 to the Present[M]. New York: Assouline Publishing, 2002.

[31] Diana Scarisbrick, James Fenton. Rings: Jewelry of Power, Love and Loyalty[M]. London: Thames & Hudson, 2007.

[32] Rachel Church. Rings[M]. London: V&A Publishing, 2011.

[33] Oppi Untracht. Traditional Jewelry of India[M]. London: Thames & Hudson, 2008.

[34] Amanda Triossi, Daniela Mascetti. The Necklace: From Antiquity to the Present[M]. London: Thames and Hudson, 1997.

[35] Geoffrey Munn. Tiaras: Past and Present[M]. London: V&A Publishing, 2008.

[36] Suzanne Tennenbaum, Janet Zapata. The Jeweled Menagerie: The World of Animals in Gems[M]. London Thames & Hudson, 2007.

[37] Diana Scarisbrick. Portrait Jewels: Opulence and Intimacy from the Medici to the Romanovs[M]. London: Thames & Hudson, 2011.

[38] Ruth Peltason. Jewelry from Nature: Amber*Coral*Horn*Ivory*Pearls*Shell* Tortoiseshell*Wood*Exotica[M]. London: Thames & Hudson, 2010.

[39] Nick Barnard. Indian Jewellery[M]. London: V&A Publishing, 2008.

[40] Beatriz Chadour-Sampson. The Power of Love: Jewels, Romance and Eternity[M]. London: Unicorn Publishing Group, 2019.

[41] Helen Ritchie. Designers and Jewellery 1850-1940: Jewellery and Metalwork

from the Fitzwilliam Museum[M]. London: Philip Wilson Publishers, 2018.

[42] Nonie Gadsden, Meghan Melvin, Emily Stoehrer. Arts and Crafts Jewelry in Boston: Frank Gardner Hale and His Circle[M]. MFA Publications, 2018.

[43] François Farges. Gems[M]. Van Cleef & Arpels Flammarion, 2020.

[44] Diana Scarisbrick. Diamond Jewelry: 700 Years of Glory and Glamour[M]. London: Thames & Hudson, 2019.

[45] Patrick Mauries, Evelyne Posseme. Fauna: the Art of Jewelry[M]. London: Thames & Hudson, 2017.